横瀬久芳

JN179900

面積あたりGDP世界1位のニッポン

地震と火山が作る日本列島の実力

講談社+α新書

まえがき——自然災害によって資源は作られる

自然現象は往々にして規模が大きく、人々の常識を遥かに超える。そのため不安に駆られた人々は何が起こったのか理解できず、ＳＮＳを介して流される偽情報に翻弄《ほんろう》される。火星移住はまだ先の話。人類にとって地球は間違いなく欠くことのできない唯一の生活空間だ。桁外《けたはず》れに大きな地球を身近な存在として認識するためには比喩《ひゆ》が必要だ。そんなときに重宝《ちょうほう》する「ガイア理論」という仮説がある。

ここでは、人類を含めた生物圏と地球自身を一つの生命システムと考える。ＮＡＳＡ（アメリカ航空宇宙局）の研究者ジェームズ・ラブロックによって一九六九年に提案された。ちなみに「ガイア」とは、ギリシャ神話に出てくる大地の女神である。

地球科学の研究をしている私から見ても、地球の営《いとな》みは生体システムそのものだ。たとえていうなら、地球の核は心臓で、エネルギーの源。その外側を覆うマントルはさしずめ筋肉。心臓（核）から送り出されるエネルギーによって、筋肉（マントル）は地表を変形させる。地表に住む私たちは、それを「プレートテクトニクス」と呼ぶ。

　地表付近の比較的硬い殻《から》であるプレートは、地殻と上部マントルで構成されており、生体にたとえるなら殻（外骨格）あるいは骨（内骨格）が適当かもしれない。そう考えると薄皮の地表は皮膚であり、時が経つにつれて新陳代謝で新しくなったり、しわが寄ったりするところなどもそっくりだ。

　この基本構造がイメージできれば、マグマは体内を流れる血液となり、地球を巡る水は、汗や皮脂にたとえられるだろう。そして、人類は、そんな大地の女神ガイアに抱《いだ》かれながら生活を送っている。

　大地の女神ガイアを使って熊本地震をイメージするなら、左手をテーブルに勢いよくぶつけてしまったような状態だろう。二〇一六年四月一四日に始まったマグニチュード六・五（最大震度七）の激震は、人差し指が骨折したようなもの。そして、関節に加えられた力が中指の骨折を誘発したのが、一六日深夜に発生したマグニチュード七・三（最大震度七）の二度目の激震だ。

　骨折をもたらした衝撃は、さらに残りの指にも波及し、薬指（阿蘇《あそ》）や小指（湯布院《ゆふいん》・別府）へと打撲が広がった。無理な体勢を強いられ、骨折した中指（宇土《うと》）や人差し指（八代《やつしろ》）の付け根が腫《は》れあがっているのが、発生後一ヵ月経った熊本の状態だと思えば、イメージしやすいのではないだろうか。

そんな体と心の痛みを完治させるには、当然、ある程度の時間が必要。しかし、ギプスをしながら、少し不便な時間を我慢すれば、リハビリは開始できる。そして、いずれ普段の生活が戻ってくることは誰もがよく知っている。

関東大震災、阪神・淡路大震災、東日本大震災など、たび重なる災害に見舞われた日本国民は、被災地から発せられるお金の匂いを嗅《か》ぎつけたハゲタカ研究者やメディアによって、愛する国土を「自然災害の巣窟《そうくつ》」という悪いイメージに塗り替えられつつある。そのため、「首都圏直下型地震の発生確率、三〇年以内に五〇％」などというカルト教の抽象的な脅し文句についつい乗せられて、壺《つぼ》を買ってしまったりする。

未知なる災害という恐怖は、具体性のない抽象的文章であったとしても、人間が本来備えている生物学的危険回避の本能を発動させ、理性的な対処を妨げる。素性《すじょう》が知れないご近所さんだと日常生活が不安になるように、「自然災害の巣窟」呼ばわりされる日本の地質学的素性がわからなければ、安心して生活が送れない。そんな相手を不安にさせる「オレオレ詐欺《さぎ》」に打ち勝つ最善策は、問題の本質である自然を理解することだと私は思う。

普段、目つきが悪く、厳《いか》つい顔をして近寄りがたいご近所さんでも、ひょんなことから、単に視力が悪いだけで、優しい人だと分かれば、こちらから進んで挨拶《あいさつ》をしたくなるのが世の常。もう少し理解が進めば、地球だって同じこと。それさえできれば、災害であろうと想定内。落ち着いて最大限の危険回避行動が可能だ。ガイアは、私の見立てでは、気立ての良いチャーミングな女神だから、コミュニケーションさえしっかり取れれば、気に病《や》むことは何もない。

一〇万年前、実り豊かな新天地を目指して新人類は、アフリカ大陸を出発した。それは、集落の人口増が大地の恵みとバランスできなくなり、人口圧が移住を余儀なくしたからだ。食料を求めて繰り返される移住の末、日本列島にも約三万年前から新人類が移り住んだ。古来、人類は「地の利」を求めて移動し続けてきたのである。

日本に移住し縄文人となった我々の祖先は、縄文時代に発生した二度の巨大噴火（約二万九〇〇〇年前の姶良《あいら》カルデラの噴火と約七三〇〇年前の鬼界《きかい》カルデラ噴火）で被災した。これらの超巨大噴火は、日本列島のみならず地球規模の災害をもたらし、日本列島全域を壊滅的な状況に陥らせたことは想像に難くない。

そんな自然災害や環境変化という試練に遭遇しながらも、我々の祖先はこの地に歴史を刻んできた。なぜ「自然災害の巣窟」である日本列島を離れなかったのだろうか？

——おそらく我々の祖先は、自然災害の影響を差し引いても余りある自然の恩恵、つまり

「地の利」を認識していたに違いない。それゆえ、日本列島を離れることもなく、着実に発展の道を歩み、私たちに命を繋いだのであろう。

少し見慣れない計算をしてみよう。二〇一六年四月一三日にIMF（国際通貨基金）が発表した二〇一五年度の名目国内総生産、すなわち名目GDP（上位一〇ヵ国に限る）を国土面積で割って、単位面積当たりのGDPで比較してみる。ここで、GDP上位一〇ヵ国に限定するのは、GDPのもともと小さな国を引き合いに出しても潜在的国力の比較にはならず、単なる算数のお遊びで終わってしまうからだ。

すると、国土面積で規格化した順位は大きく入れ替わる。日本の一〇〇〇平方キロ当たりのGDPは約一〇九億米ドルとなり、イギリスの約一一八億米ドルとは僅差《きんさ》で世界二位だ（次ページの図表1）。

ところがイギリスの通貨ポンドは、二〇一六年六月のEU離脱決定以降に暴落し、上記のデータ発表時の一米ドル＝〇・七〇ポンドは、本稿執筆時の一〇月一七日には一米ドル＝〇・八二ポンドとなった。すると一〇〇〇平方キロ当たりのGDPは九四億米ドルとなる。一方の円は、四月一三日時点の一米ドル＝一〇九・三円から一〇月一七日には一〇三・九円へと上昇しているので、日本の一〇〇〇平方キロ当たりのGDPは一一四・八億米ドル。為替が米ドルに対して円以上に値上がりした通貨は見当たらないので、現時点では、日本

図表1 世界各国のGDPと面積あたりGDP

2015年度GDP	GDP（単位：10億米ドル）	国土面積（1000㎢）	GDP／国土面積（10億米ドル／1000㎢）
1位　アメリカ	17947	9629	1.86
2位　中国	10982	9640	1.14
3位　日本	4123	378	10.91
4位　ドイツ	3357	357	9.40
5位　イギリス	2849	242	11.77
6位　フランス	2421	551	4.39
7位　インド	2090	3287	0.64
8位　イタリア	1815	301	6.03
9位　ブラジル	1772	8515	0.21
10位　カナダ	1552	9985	0.16

の一〇〇〇平方キロ当たりのＧＤＰが世界一位ということになる。

通常のＧＤＰ一位のアメリカは、この計算でいくと一八・六億米ドル、二位の中国は一一・四億米ドルにしかならない。つまり、国土面積で規格化すると、日本はアメリカに対して五倍近く、そして中国に対しては一〇倍近い生産力を持つ効率の良い国土といえるのだ。

これは屁理屈ではない。地震や火山災害が多発する日本だからこそ、他国に比べて圧倒的な「地の利」を有しているのだ。

自然災害に悩まされる日本の現状を地質学的にもう一度振り返ってみると、女神ガイアが私たち日本人に与えてくれた恩恵の大きさを実感できるのではないか。災害の痛手を差し引いても、遥かに大きな自然の恩恵があるからこそ、日本は発展できたとすら思えてくる。

　資源といっても、有形あるいは無形の形で存在する。女神ガイアが我々に与えてくれる恩恵の数々は、経済活動にとっては、どれも資源そのものである。農業基盤となる土地資源や水（地下水）資源、癒やしの場となる温泉や景勝地は観光資源や医療資源、そして戦国の世から日本経済の基盤を支えた鉱物資源と天然ガスや石油といったエネルギー資源、さらには今後のクリーンなエネルギー資源として有望視される地熱発電など、枚挙《まいきょ》に遑《いとま》がない。

　さらに近年では、小笠原諸島父島西方沖約一三〇キロに位置する西之島が、噴火に伴って多量の溶岩を流出してくれたおかげで領土が少しばかり広くなった。離島火山が拡大すると、国際法上そこを基点として一二海里（約二二キロ）沖までが領海に、そして二〇〇海里（約三七〇キロ）沖までが排他的経済水域として、戦争もせず日本に転がり込んでくる仕組みだ。これらによる水産資源の確保は馬鹿にならない。

　こんなにメリットが大きいのだから、日本に住む以上、自然災害に遭遇する悲運があると説教されても、それならなぜあなたは他国に移住しないのですか？　と聞き返したくなる。それだけ暗黙の了解として、日本国民は、国土に「地の利」があることを知っているのではないだろうか。

　たしかに、自然災害は強大な力で我々に襲い掛かってくる。それは、非力な人類がどうにかできるような代物《しろもの》ではない。しかし、減災という視点で対処できれば、たとえ被災しても再起への道が残される。つまり、極めて稀《まれ》に不機嫌になる女神ガイアとうまく付き合う方法を見つけさえすれば、何ということはない。ガイアのちょっとした不機嫌な仕草も、付き合ってみれば魅力に感じられるようになるかもしれない。

減災という視点は、何もいまに始まった話ではなく、古くから言い伝え等として受け継がれている。畏敬《いけい》の念とは正に、そのような状態を端的に表す。試練を乗り越えて知的レベルの向上を成し遂げた先人の努力と、近代的観測データで、ガイアと仲良くなれるのだ。

熊本地震を振り返りつつ、資源供給場の形成という自然災害の持つポジティブな側面を紹介することが本書の目的である。そして、熊本地震を例に、ちょっと不機嫌な女神ガイアとの正しいコミュニケーションの取り方を伝授する。読み進めるにつれて、災害列島だからこその「地の利」があること、そして縄文時代から人類が日本列島に住み続けている理由を、納得してもらえるのではないだろうか。

ところで災害時には、「異例」「かつてない」、または「想定外」などのマジックワードがよく使われる。特に犠牲者が出た災害ほど、専門家委員会の代弁者としてマスコミが乱用する。「人知を超えた自然災害なのだから仕方がない」といわんばかりだ。

熊本地震は、四月一六日に「異例の地震」として報告されたことをきっかけに、マスコミが大々的に取り上げ、世論を誘導した。しかし、「前震—本震—余震型」地震は、日本で初めて起こったというわけではなく、同じ活断層型地震である兵庫県南部地震（阪神・淡路大震災）や、プレート境界型地震である東北地方太平洋沖地震（東日本大震災）といった巨大被害地震も、同じ「前震—本震—余震型」。これは教科書に載っている典型的パターンだ。

ユーチューブに残っている四月一四日の気象庁記者会見の映像でも、ある記者がより大きな地震が発生する可能性について質問している。気象庁がマニュアル通りの報告とあいまいな答弁を繰り返すお粗末な内容だ。そんな無作為の罪によって、大事な指摘は被災地に届かなくなる。

大災害に発展したことは周知の事実である。しかも、大災害が発生する前に的確な注意喚起を怠ったばかりでは飽き足らず、根拠も提示せずに過剰な警戒を連発し、長期間にわたって風評被害の温床を形成した。こうした状況は、熊本地震に限らず、御嶽山《おんたけさん》噴火災害や東日本大震災にも当てはまりそうだ。

このような二つの大罪によって失われた日本国民の生命や財産に対して、責任者が処分されることもない無責任体制……これでは日本の災害予測が進歩しないのは当然だろう。

国は次なる災害に備え、適切な注意喚起がなされていたのか、第三者の目から検証すべきである。しかし検証時、科学的根拠を検証する側と検証される側に、金銭的、人的な交流が存在する。こうした状況下では、監視機能は働かない。安全神話を掲げ続けてきた「原発ムラ」における構図と同じだ。

そんな自浄作用の損なわれた「防災ムラ」が、「自然災害だから仕方がない」との免罪符を振りかざして自己保身に走るのでは、被災者が浮かばれないのではないか。

様々な災害が襲ってくる日本列島に対して、日本の科学技術はなす術《すべ》もなく呆然《ぼうぜん》としているわけではなく、近代的センサーとテレメータシステムを融合させた世界に誇れる無人観測体制を充実させている。これらの技術革新は、正に異次元レベル——。

熊本地震に際して、一般公開されているそれら精密観測データと教科書的経験則を活用するだけで、「専門家」でもない海洋火山学者、すなわち私が、前震から本震に向けた前兆現象を把握できた。さらに五月時点で、熊本平野では、この先一〇年くらいはマグニチュード六以上の余震が起きないこと、震災前の状況に戻れるのが二〇二〇年の東京オリンピック直前であることなどを解析できてしまった。

それほど素晴らしいデータが日本では日々取得されているにもかかわらず、宝の持ち腐れとなっている。そう考えると、被災者を拡大させた責任の一端は、「専門家」たちの勉強不足による人災に帰結できるかもしれない。

目次◉面積あたりGDP世界1位のニッポン

第四章　地熱エネルギーは世界三位

第五章　鉱物資源は地震と火山のコラボレーション

第六章　活断層型地震は実はシンプル

第七章　予測可能だった熊本地震

序　章　科学者が体験した熊本地震

火災発生件数が少なかった理由

桜も散り、春真っ盛りの熊本は、とても清々《すがすが》しい日々が続く。三月下旬から四月中旬にかけては、アサリ、タケノコ、イチゴが旬を迎え、また、メロンやスイカはゴールデンウィークに向けて出荷準備で忙しくなる時期だ。農漁業の盛んな熊本県では、四季それぞれで、多彩な食材を手ごろな価格で楽しめる。

四月といえば、新しい年度の始まり。多くの会社では、新入社員歓迎会という名目で、旬を迎えた春の味覚を肴《さかな》に、焼酎のお湯割りを堪能《たんのう》していたことだろう。熊本城を望む下通《しもとお》り、上通《かみとお》り、そして銀座通りといった繁華街は、そういった人々で賑《にぎ》わっていた。

一方、私は、家内が親の看護で一ヵ月半ほど家を留守にしていたため、久々の独身生活。健康を気遣う小言《こごと》を浴びせられることもなく、少し脂っこいジャンクフードやアイスクリームのパイントを食べながら、お気に入りのディスカバリーチャンネルを鑑賞する、アメリカンなカウチポテトをやっていた。

二〇一六年四月一四日――いつものように、仕事を終え家に帰り着いたのが夜の九時。遅い夕食の準備をするべく、鍋を火にかけ、別室に置いてある専用冷凍庫から食材を選び出しているときだった。突然、ドドドドドドーーーーーーーン！　というケタタマシイ音と震動がマンションを襲った。

その状態が一秒ほど続いた。かと思うと、家ごと悪路を爆走するラリーカーに押し込まれたように、前後左右あるいは上下に激しく揺さぶられ、空中を舞っているかのようだ。

家のなかでは、ガガガガーーー、ガチャン、バリバリ、ドドドーーードーン！　という音が鳴り響いていた。壁と冷凍庫にはさまれながら、揺れに耐えた。まさに、筆舌《ひつぜつ》に尽くしがたい状況だ。

「……熊本市内でこれだけ揺れるなら、震源ではとんでもないことになっているのでは？」と思った。このときは熊本平野に震源があるとは思わず、日向灘《ひゅうがなだ》沖あたりだろう、などと想像していたのだ。

強烈な揺れの最中、携帯電話が「ピュー！　ピュー！　ピュー！　地震です！　地震です！　ピュー！　ピュー！　ピュー！　地震です！　地震です！」と、緊急地震速報を大音量で警告する。

「ハイ、ハイ、ハイ、地震なのは分かっていますよ。ご親切に！」といいながら、揺れに耐えた。しかし、熊本市内でこれだけ大きな揺れ……職業病のせいかもしれないが、極めて稀《まれ》な自然現象を体験できたことに感心している自分を見つけた。

停電もせず、本棚が倒れる気配《けはい》もなかったため、比較的落ち着いていた。揺れが一段落し

て我に返ると、

「あ、やばい……鍋を火にかけっぱなしだった！」

慌てて台所に駆け込むと、鍋の中身が吹きこぼれて火は消えていた。しかし、台所にガスの臭いはない。吹きこぼれによる消火とは少し違うようだと感じた。

マンションのパイプシャフト内のメーターを調べてみると、遮断装置付ガスメーター（マイコンメーター）が設置されていた。このメーターは、使用中に異常（たとえば震度五相当以上）を感じると、自動的に供給を遮断してくれる。普段使うことのないこうした機能が、非常時に役立つ状況を体感すると、過去の震災に学ぶ日本の防災意識の高さに感動する。

まだまだ、火を使っている家庭や飲食店も多かっただろう宵《よい》の口にもかかわらず、火災の発生件数が極めて少なかったのは、このような理由なのだろう。備えあれば、憂《うれ》いなし。

そのとき東京にいた家内に、「すごかったッス！」とＬＩＮＥした。すると「何が？」という返事がすぐに返ってきたので、電話を入れた――「地震だよ、地震！」

すると家内は、「あっ、東京でも報道が始まった。熊本で震度七だって……え、震度七!?これって阪神・淡路大震災と一緒の震度じゃん……あなた大丈夫なの？」と、不安げに聞き返してきた。

「結構、揺れが大きかったけど、我が家にはさほど被害がなかったよ」と電話している最中にも大きな余震が続いた。

地震酔いとは何か

二〇一六年四月一四日二一時二六分に発生したこの地震は、気象庁の地域区分において熊本県熊本地方に震源が存在していた。熊本県で最大震度七と地震報道されれば、誰しも熊本県全域が震度七に見舞われたと思うのは無理からぬこと。しかし、震源区分の熊本県熊本地方はそれなりに広い領域が含まれ、熊本県内では震度三〜七の範囲に及んだ。

私の住んでいる熊本市中央区の震度は五強。被害の大きかった益城町《ましき》（震度七）ほどではなかったが、それでも人生初の震度五強であった。早速、気象庁が公開した震源から自宅までの最短距離を割り出してみると二一キロだった。震源からの距離に応じて減衰する地震動の一般的挙動を体感できた。

少し離れているとはいえ、熊本市内でも、二二時六分まで一〜二分間隔で震度一〜三の余震が発生し、二二時七分には、震度五弱の余震が再び熊本市内を襲った。その後は、三〇秒から二分間隔で震度一〜三の余震が続く。地震発生の二一時二六分以降、断続的に余震が襲ってくるため、不安を感じて眠れぬ夜を過ごした人も多かったことだろう。

我が家の被害は、さほど大きくなかったので、後片付けをして、テレビで地震関連の報道番組を眺めながら、スマホで気象庁のホームページから地震の情報を確認していた。すると、普段から親交のあるRKK熊本放送の山川正紀《やまかわまさのり》さんから地震の解説をしてほしいとの連絡をもらった。

「日頃お世話になっているので構いませんよ。何時にRKKに行けばいいですか？」と聞くと、「追って連絡させてもらいます」との返事。

日を跨《また》いで、四月一五日になっても、余震は継続し、ドシーン！　と家中が鳴り響いて、ダダダダダー！　と揺れる状況が続いていた。震度五強の経験と断続する余震の推移を見守るなかで、なかなか寝付けない時間を過ごしていると、夜中の一時五七分に、「朝何時でも構わないので、スタジオ入り、お願いします」というショートメッセージが入り、朝六時にスタジオ入りすることになった。

頻発する余震活動のため、なんだか常に揺れているような錯覚《さっかく》に陥る。これは下船時に経験する陸酔《おか》いと同じような現象で、地震酔いと呼ばれていることを初めて知った。

テレビの専門家はただの情報通

震度五強とは、九州で経験したことのある人は少ない、大きな地震だ。地震によって熊本市内の交通機関や道路がどの程度被災しているのかは、まったく分からない。スタジオまでは徒歩で三〇分もあれば到着するくらいの距離なので、歩いて行くことにした。

朝五時三〇分に家を出た。天気は晴れ。道すがら、あちらこちらの比較的広い駐車場では、毛布に包《くる》まって朝を迎えている人々を数多く見かけた。前夜の揺れに伴って、住居の倒壊を恐れて避難してきた人たちだ。地震発生後の熊本市内は、そんな感じで、早朝だというのに人々があちらこちらに集まっていた。

私は、スタジオまでの道中、気象庁の報告や九州中央部の地震および活断層に関する情報を頭のなかで整理しつつ歩を進めた。

一般に、メディアは関連団体の長を「専門家」として登場させる。「専門家」というよりは、「情報通」の利益団体の長という印象を受けることもしばしばだ。そんな利益団体の「情報通」が、科学者としてのモラルを守って、人々に有益な情報を提示できるかどうかは、東日本大震災の福島原発事故の例を引き合いに出すまでもなく、推《お》して知るべしだ。

さらに、肩書だけで対象物に対する論文すらない人がテレビで解説しているときは、往々にして当《あ》たり障《さわ》りのないキーフレーズをオウム返しするだけで、解説内容も論理的に破綻《はたん》していたりすることも多い。

そんなときは、解説者席にいる有識者よりも、コメント席にいる芸能人のほうがよほど的を射た答えを返している場面が最近は増えた。特に、メインキャスターによる無茶振りに対して、「分かりませんよ〜」とはっきりいえる芸能人に対して、知らないことを正直に「分かりません」といえずにお茶を濁す専門家とでは、芸能人のほうがよほど科学的だと思いながら拝聴している。

そんなこんなで、自分が対応しきれる科学的解説領域を逸脱した出演依頼は、さすがに出たがりの私でもお断りするくらいの分別は持ち合わせている。海洋火山学者であって、地震の専門家でもない私が、熊本地震に関してメディアで解説するのは言行不一致で、「あなたこそ、胡散臭《うさんくさ》い解説者なのでは?」といぶかる人は、正常な感覚の持ち主だと思う。

しかし、海洋火山学の範疇《はんちゅう》には、地震を引き起こす活断層の解析が含まれている。このことを誰も知らない。ついでに、海洋火山学の守備範囲は、マリアナ沖で産卵する天然うなぎの卵を発見するほど広範囲に及ぶ。それほど海洋火山学は、スーパー・ジェネラリストでないとやれない学問なのだ。

さらに解説を引き受けた理由に、地震の発生した熊本平野が、南を布田川《ふたがわ》断層・日奈久《ひなぐ》断層に、そして北を立田山《たつたやま》断層という活断層に縁取られた火山性構造盆地(別府—島原地溝帯の西部)であることが挙げられる。この火山性構造盆地には雲仙岳《うんぜんだけ》、阿蘇山、九重山《くじゅうさん》、由《ゆ》布岳《ふだけ》、鶴見岳といった第四紀(約二六〇万年前から現在まで)活火山が密集する。さらに、二〇〇万年前から活動して、現在休眠中の宇土半島の大岳(布田川断層沿い)や熊本城の北にそびえる金峰山《きんぼうざん》（立田山断層沿い）が存在し、火山活動と活断層が不可分なのだ。

数百万年前から火山性構造盆地として発達してきた別府―島原地溝帯は、火山研究者や測地学者のあいだでは古くから有名な地域である。しかも、その火山性陥没構造は、南西方向に位置する沖縄トラフが九州に上陸したのではないかとする説も二五年以上前からある。

地震の専門家がどこまで別府―島原地溝帯の地質学的バックグラウンドを把握しているか知らないが、九州の新生代火山活動を詳細に検討する研究者にとって、九州中央部の地質構造や活断層の認識は最低限の常識であり、地震波データとは異なる膨大《ぼうだい》な地質学的・地形学的知識が、既に蓄積されている。

私の研究室では、二〇年以上前から、火山活動を中心に別府―島原地溝帯西部を卒論・修士論生とともに研究してきた。それらの研究の一部に、熊本平野の地下深部構造に関する研究があり、地震の起こった地下深部の岩石を実際に保有しているのは、きっと世界で私の研究室だけではなかろうか。

さらに現在は、その研究を東シナ海海底のトカラ列島や沖縄トラフに拡大しており、海洋火山学者として海底に潜《ひそ》む火山や活断層を相手に、レアメタル鉱石発見など応用問題で成果を上げてきた。かなり遠回りになったが、これで熊本地震と海洋火山学者が無縁ではないことがご理解いただけたのではないだろうか。

それゆえ、地震の発生した熊本平野周辺に関する地質学情報には事欠かなかった。そのうえで、熊本大学には活断層の大家として高名な松田時彦《まつだときひこ》先生が同僚として在籍していた時期があり、活断層の認識における様々な勘所《かんどころ》を拝聴する機会にも恵まれていた。活断層知識の獲得を契機に、一〇年以上前には、学生向けの講義で活断層の見分け方を教授していた時期もある。

たしかに私は、地震計を飯《めし》の種《たね》にしている、いわゆる地震の専門家ではない。しかし、熊本を含めた九州中央部の地質学的病歴を熟知した「ホームドクター」と考えてもらえば理解しやすいのではないか。さらに、別府―島原地溝帯西部の火山活動や熊本の地下構造に関する論文も学会で公表しているので、解説者としてのクレデンシャルもきっちり担保できる。だから、単なる「出たがり解説者」というよりは、筋金入りの別府―島原地溝帯のスペシャリストという自負はあった。

今回のような緊急事態に際して、前述のバックグラウンドを説明し、テレビやラジオで解説することは時間的に不可能だ。地震の解説者が海洋火山学の専門家では、視聴者が首をかしげる姿が目に浮かぶ。さりとて、一過性のメディア出演であったとしても、地震や活断層の専門家として紹介されるのはいかがなものかと思う。

そこで、NHKでしばしば登場する科学解説員のように、肩書としては「サイエンスアドバイザー」を使用した。アメリカなら、大統領の「サイエンスアドバイザー」のように普通に使われている肩書である。

不安に怯《おび》える住民に自然現象を分かりやすく解説することが、被災地研究者としてできる知的ボランティア活動であろう。そうすることで、未知なる恐怖に震《ふる》える人々を少しでも楽にしてあげられる。しかも、視聴者にとって「地震の専門家」ではない私の最大のメリットは、原発事故当時の解説者たちのように、予算がらみで解説内容にバイアスをかける必要のないニュートラルな解説者という点だ。

被災者が最も気にしていた二点

およそ二五年前に雲仙普賢岳《うんぜんふげんだけ》が噴火した際、大学合同観測班の一員として島原にある九州大学理学部附属島原地震火山観測所に詰めたことがある。そのとき、火山活動の状況と地震発生箇所のリンクを目の当《ま》たりにして感動した。今回も、熊本平野の下で破壊現象がどのように進行中なのかを想像するうえで、インターネットに公開されたデータは素晴らしく役に立った。

余震活動は、日奈久断層帯北部や布田川断層帯の近傍に集中しており、一見、教科書的な推移を見せていた。地質学的な情報と気象庁が報告してくれるデータを加味して、夕方のR

KKの解説に備えた。

放送を通じて、一般人は、地震が緊急地震速報よりも早かったこと、そして横ズレ断層とは一体何かということが最も気になっていると悟った。テレビではその説明をより分かりやすくなるように心がけて準備をした。被災した大学の研究室の状況も少しは気掛かりであったが、放送終了後ゆっくり片付けようと思った。

夕方の報道番組における解説を終え、翌日のスケジュールなどを話しあったあと、放送局を後にして、夜は車に乗って大学の研究室へ向かった。研究室の扉を開けると、そこには予想通り様々な小物、論文のコピー、そして書籍が散乱していた。研究室の中央に置いた作業机からは、コンピュータとそのモニターが床に落下していた。フレームに入れて壁に掛けておいたポスター類も何枚か剝《は》がれ落ちて散乱していた（図表2）。

研究室には、足の踏み場がなかったものの、本棚など大型家具が倒れている箇所は、私の関係する研究室および実験室にはなかった。

日本列島が阪神・淡路大震災や東日本大震災などの大規模地震災害を経験するたびに、文部科学省から通達が来て、家具類の耐震補強を強く指導されていた。このときばかりは、通達のすばらしさを実感した。

棚の上に物を置かない。扉はちゃんと閉める。本棚は脱落防止を施す。マニュアルに載っ

図表2 熊本地震で被災した著者の研究室

ていた項目だ。私が遵守《じゅんしゅ》していなかった部分がことごとく地震にやられ、後片付けという重労働を課せられる破目《はめ》になった。まあ、自業自得《じごうじとく》とあきらめて、せっせと後片付けに精を出した。

二一時くらいまで時間を費やして、床に散乱した書籍や論文を棚に戻し、落下したモニターとコンピュータの動作確認をした。研究室をほぼ元通りの状態に戻したあと、熊本地方震度七の報道を見て、全国から安否を気遣《きづか》ってメールをくれた知人に、

「ご心配いただきありがとうございます。自宅は熊本市中央区なので、震度七より小さな震度五強で大丈夫でした……」

という文を付けて、メールを返信した。

今後の解説に備えて、過去に熊本市や県

が行った防災調査や熊本平野に関連する地質学的資料のおさらいをして家路に就いた。

地震の影響もあって昨晩からあまり眠れていない状況に加えて、朝から動きまわっていたうえ、さらに夜まで後片付けをして疲れ果てていた。明日の解説が午前八時以降だという安心感もあって、着替えもせずにベッドで少し横になったら、そのまま眠っていた。

ところが突然、大きな物音とともに、震動でベッドからたたき起こされた。前回と同様、激しい揺れが継続している最中に、緊急地震速報が、けたたましく真っ暗な部屋で鳴り響いた。暗闇に鳴り響く緊急地震速報は、ホラー映画そのものである。しかも、ものすごい揺れが継続している最中だ。

まだ寝ぼけていたが、さすがに今度の地震は前回の比ではないことが容易に理解できた。部屋の灯《あか》りを点《つ》けようと、リモコンスイッチを手探りで探し出し、スイッチを押したが反応がない。ベッド脇の読書用ランプも点かない。停電だ。

真っ暗な部屋のなかで、携帯電話の灯《あか》りを頼りに、LEDライトを探し出し、家のなかを確認した。寝室は、棚の上からボア・ハンコックのフィギュアが落ちているぐらいで、重量物の本棚などは震災前と変わらなかった。しかし、リビングや台所はそうはいかず、マンション内の部屋の位置によっても被災状況はかなり違っていた。

楽譜の詰まった本棚が一つ倒れ、扉のガラスが割れ、ピアノの周辺に散乱していた。寝室には、ベッドの両サイドにもっと大きな本棚を置いていたので、それらの本棚がもし倒れていたらと思うと背筋がぞっとした。

廊下にも洗面所にも日用品が散乱していた。台所は、めちゃくちゃな状態となり、戸棚のガラスや食器なども割れて散乱している。不用意に足を踏み入れると、壊れた破片で怪我《けが》をしてしまう状況だ。前日の放送で、パーソナリティーの大田黒浩一《おおたぐろこういち》さんが寝るときにスリッパを近くに置きましょうと力説していたことを思い出した。さすがである。

前震と本震の物理的意味付けとは

停電で灯りが回復しないなか、前々日の地震よりワンランク上の震度四や五の余震が相次いで発生した。暗闇のなかの大きな揺れは、恐怖心を掻《か》き立てるには十分すぎるシチュエーションだ。街灯の点かない暗闇の屋外では、サイレンの音がひっきりなしに鳴り響いていた。

夜中だというのに人々のざわつく声や大声が大通り（通称電車通り）から聞こえてきた。

幸い、我が家の電気は夜中の二時に復旧した。マンションのある場所は、無電柱化（電線類の地中化等）推進計画によって電柱がなく、停電の影響をあまり受けない地域だ。これまでの台風災害でも瞬電はあっても停電はほとんどない。

九州では、一九九一年の台風一九号で多くの電柱が倒され、九州全体の三六％に当たる二一〇万世帯が停電した。そのとき住んでいた地域では一週間にわたって停電し続け、冷蔵庫の食料が全滅するなど、苦い経験をしている。

さすがに、トイレが使えなくなるのは避けたいので、停電と同時にバスタブに水を張る習慣は、そのときに身に付いた。今回は停電からの復旧が早かったが、念のためにバスタブに水を溜めることにした。水道水は、地震の影響でかなり濁っていた。

停電復旧後、まずは足の踏み場を確保し、何が起こったのかを確認するべく、テレビを点けた。二〇一六年四月一六日深夜一時二五分に、再び熊本地方を最大震度七の地震が襲ったことを、どのチャンネルも報じていた。

益城町は、二度目の震度七であった。自宅のある熊本市中央区でも震度六強であり、私的経験震度の記録更新であったことを知った。地震のマグニチュードは七・三——前々日に発生した地震の一六倍の破壊エネルギーが解放されたことになる。

しばしば一般の人々が混乱するのが、マグニチュードと震度の違いである。マグニチュードは地下で起きた地震の破壊の大きさを示す数値で、震度は、その地下の破壊現象によって発生した地震動が、どの程度地表を揺らしたのかを示す数値である。

だからマグニチュードは、一回の地震に一つであるが、震度は、震源からの距離や地盤の性質によって変化し、いろいろ条件の異なる場所に設置された地震計が様々な値を出してくる。設置された地震計のなかで一番大きな数字を叩き出した場所がチャンピオンデータで、最大震度となるのだ。

さらに混乱を招いているのが、マグニチュードの数字である。たとえば、マグニチュード四とマグニチュード六の地震が起きたと一般の人が聞けば、破壊の程度がたかだか一・五倍だと早合点《はやがてん》してしまう。しかし物理的に見た場合、両者は一〇〇〇倍近く破壊のエネルギーが違う。

会見などで、「今後の余震活動は、マグニチュードでプラスマイナス一程度あるとお考えください」とは、一〇〇〇倍もかけ離れた現象を指していることになり、一般的な感覚なら、「今年のボーナスは、一万円から一〇〇〇万円の範囲とお考えください」といわれているようなものなのだ。

気象庁は会見の席で、一四日に起こったマグニチュード六・五の地震を前震とし、一六日に起こったマグニチュード七・三の地震を本震とすると発表した。

しかし気象庁の会見からは、前震や本震と名付けた物理的意味付けを見出《みいだ》すことができなかった。解説者としての私の立場からは、前震と本震の区別がとても気になるところだ。

それは単に大きさの違いであり、発生した地震のマグニチュードが六・四だったら余震と名付けて、六・六だったら本震と名付けたのだろうか？　あるいは、さらに今後、マグニチュード七・四以上の地震が起こったら、それを本震とまた改名し、一六日分を前震、そして一四日分を前々震とか名付けたりするのだろうか？

一六日の夜中に発表された震源に関する情報は、まだ暫定値《ざんていち》であったため、気象庁、アメリカ地質調査所、九州大学、それぞれが異なった位置を示していた。しかし、大まかには、前震が日奈久断層北部に示され、本震が布田川断層帯と立田山断層帯の中間ぐらいに示されていた。しかも、その後に発表された両者の岩盤の動き方（初動発震機構解）は、前震が南北方向に張力軸を持つ横ズレ断層型で、本震は北西―南東方向に張力軸を持つ横ズレ断層型であった。

つまり、発生場所も動きのセンスも違う両者を一連とする根拠が感じられないのである。

唯一両者を結び付けているものは、「熊本県熊本地方で発生した」という行政区分上の共通点だけで、物理的あるいは地質学的意味合いを加味しているとは思えない。さらに、この後に発生した熊本県阿蘇地方や大分県中部地方を別区画で表現する意味は、やはり単なる行政区分上の問題だとしか思えなかった。

動きの方向も帰属する活断層の位置も違うのに、一つの地震と考えて前震と本震とすることには、極めて強い抵抗感があった。両地震の発生における因果関係が存在していたとしても、両者は別々の破壊現象として捉えて発生のメカニズムを整理するほうが、当時の私には合理的に思えた。

しかし、メディアにおける解説では、いま不必要な科学的解釈は、不要な混乱を招きかねない。基本的に気象庁の見解を踏襲《とうしゅう》して分かりやすく伝えることが、当面の責務であると考えた。

「八つ墓村」のような光景

そんなことを考えていると携帯電話が鳴った。

「先生、いま大丈夫ですか？」

ＲＫＫ熊本放送からの電話である。時計を見ると深夜三時。

「大丈夫ですよ。いま、気象庁の記者会見を見ていたところでした」

すると、「ご自宅に地震の影響はありませんでしたか？」と心配そうに聞いてくる。

「多少、とっ散らかりましたが、いまのところ電気も水も来ているので、問題はありません。ガスはマイコンで止まっているのでしょうけれど」と答えた。

「こんな状況になったので、今日のスケジュールを変更させていただきたいのですが、どうでしょう？　こんなとんでもない地震のあとですから、無理ならその旨《むね》お伝えくだされば、それでよろしいのですが」といいながら、来てほしそうな感じが伝わってきた。

「大丈夫ですよ。部屋の後片付けは、家内が熊本に帰ってきてからやってもらおうと思っていますから。で、当初の八時ではなく、何時に伺いましょうか？」と返事をした。

断ることもできたが、乗りかかった船だし、一貫性のある情報を伝えるほうが、視聴者としても安心できるだろう。ここは騒ぎが収まるまでは、サイエンティフィックボランティアに徹することを決めた。

「すみません、四時にお待ちしております」という返事を聞いて電話を切った。

四時までの一時間の間にシャワーを浴びて、と思ったがガスの供給が止まっていた。仕方ないから電気ケトルでお湯を沸かし、体を拭《ふ》いて準備をし、三時三〇分に家を出た。

夜明け前の町は真っ暗な闇のなか。かろうじて電気の通っているところだけが、信号の灯りで少しだけ明るくなっていた。夜中だというのに、たくさんの人が駐車場などで眠れない不安な夜を過ごしていた。

放送局に向かう道すがら、ビルの壁や割れたショウウインドウのガラスが道に散乱していた。さらに、少し歪《ゆが》んだ舗装道路など、一五日朝とはまるで別次元。震度六強の破壊力をまざまざと見せつけられた。

放送局に到着すると、局内は停電していた。系列局から応援に来ている中継車も前日より増えている感じだ。きっと、現地取材に向けて出発の準備をやっている最中なのだろう。

停電は、非常電源と局内の変圧器の不具合が原因らしく、放送はできるものの局内の電灯が点かないという不思議な状況であった。

局内の職員は、手に手にLEDライトを持っていたり、キャップライトを装着していたりと、横溝正史《よこみぞせいし》原作の映画「八《や》つ墓村《はかむら》」のワンシーンのような光景であった。

停電で真っ暗な放送局のなかをアシスタントのLEDに先導されながら、二階にある放送ブースへ辿《たど》り着いた。照明としてLEDライトしかないブースで、私は前震と本震に関する気象庁の見解やマグニチュード七・三の大きさについて解説をした。

一六日に発生したマグニチュード五を超す大きな地震は、本震のあと、活動の範囲を東へ東へと移動したように見えた。前震と本震しか起こっていなかったときには、余震もそれぞれ日奈久断層および布田川断層の周辺に限定されていたように見えたが、未明の二時台を越えたあたりから、震源域は別府―島原地溝帯全体へ一気に広がった。

夜が明けて、空撮をしていた放送局が、巨大地滑《じすべ》りに伴って片側二車線の国道五七号線とそれに接続する国道三二五号線の阿蘇大橋が崩落していることを伝えた。さらに、熊本城も一四日の被害がさらに悪化し、石垣の倒壊箇所もかなりの数に上った。なかでも、熊本城飯田丸五階櫓《やぐら》が、かろうじて残った一列の石垣だけで持ちこたえている映像は印象的だった。

熊本県民にとって、阿蘇大橋の崩落や壊滅的な打撃を受けた熊本城の姿は、見るに堪《た》えないものがあった。この本震によって、熊本市内のビル一階部分の駐車場が座屈によって押しつぶされたり、壁に亀裂が走ったりと、家屋の倒壊数も一四日とは比べ物にならない数にふくらんだ。そして被災範囲は、熊本平野の全域に及んだ。

私にとって印象的だったのは、熊本市内の鉄筋が入っていないブロック塀がことごとく倒壊したことや、座屈によってビルの一階部分がダルマ落としのようにぺちゃんこになっている光景だ。これらは、一九七八年に発生した宮城県沖地震に象徴される地震被害と同じであり、耐震基準を見直すきっかけとなったものだったが……ニュース映像を見ていると、タイムスリップしたような気になった。

熊本城の石垣で分かること

熊本県民の誇りを象徴する日本三大名城の一つである熊本城は、四月一四日から一六日にかけて発生した度重なる地震によって、見るも無残な姿に変わり果てた。崩落した石垣や天守閣の屋根瓦、そして石垣とともに崩落した様々な櫓の様子は、どれもショッキングなものばかりだ。

熊本城は、加藤清正《かとうきよまさ》がそれ以前に存在していた城をリフォームしたもので、江戸時代には熊本藩細川家の居城だった。明治時代になって、西南戦争で天守閣や御殿などが焼失したが、一九五五年に「熊本城跡」として国の特別史跡に指定された。そして一九六〇年、天守閣や塀などを再建し、熊本城周辺を公園として整備を進めてきた。

こうして二〇〇七年には、築城四〇〇年に向けた様々なイベントが繰り広げられるとともに、本丸御殿や櫓そして塀といった城の整備がなされた。二〇〇八年には、本丸御殿も一部公開され、お城としては全国一位の入場者数（二二二万人）を誇った。

熊本城は、一八八九年（明治二二年）に起きた、立田山断層に起因すると考えられるマグニチュード六・三の地震で石垣が崩壊したことで有名である。それ以外でも、江戸時代の歴史を紐解《ひもと》いてみると、一六一九年、一六二五年、一七二三年に、地震被害の記録が残っている。

そう考えると、熊本城は築城以来、地震被害に悩まされ続けてきて、今度が五回目ということになる。これらの事例を見ても、熊本が地震の発生しない町だという迷信を誰が植え付けたのだろうかと、疑問が湧いてくる。

災害発生後、同様の被害がかつて生じたという話はよく聞く。受験勉強だけでなく、減災教育の一環として、ホームタウンの歴史をちゃんと知っておくことは重要である。

崩壊現場を見ると、城の石垣は、急傾斜地に石を積み上げただけの構造で、ピラミッドのように内部まで石積みされているわけではない。しかも、石橋に見られるような、加えられた力を分散できるアーチ状構造にもなっていない。戦国時代、落城させるために横方向に力を掛けるような戦略はなかっただろうから、この形状が必ずしも不合理というわけではない。

こうした急傾斜地の工法といえば、道路などによくある法面《のりめん》工法が対応する。表面にコンクリートを吹きつけただけでは崖《がけ》を保護できないので、しっかりとした岩盤までアンカーが打ち込まれる。そう考えると、城の石垣は明らかに、耐震構造上、問題があるように思う。

熊本城の本格的な復興には今後二〇〜三〇年必要だとメディアは報じた。熊本城の度重なる石垣崩落の歴史を踏まえて、耐震構造を加味した復興を考えてほしい。二〇一六年は、観光客が押し寄せてくるゴールデンウィーク前に地震が発生した点を、不幸中の幸いと認識する必要があるだろう。

陸の孤島と化した熊本平野で

四月一六日の昼頃、熊本へ帰ってくるはずの家内と連絡を取り合うと、熊本空港が閉鎖されているため欠航となって困っていた。もしもこの日に東京から熊本入りするなら、熊本空港以外の福岡空港、大分空港、鹿児島空港に飛んでから、熊本に向かう以外になかった。

一六日の本震によって被災した熊本市から脱出あるいは入ってくるルートは、ことごとく寸断されていた。また、新幹線は一四日から不通状態で、在来線も運転を見合わせている。空港はターミナルが一部損壊して閉鎖状態。フェリーも運転見合わせ。高速道路も広い範囲で通行止めで、鹿児島空港方面で開いているインターチェンジは、霧島山《きりしま》の麓《ふもと》にある「えびのインターチェンジ」だった。

このように熊本市周辺では、公共交通機関を使って熊本平野から出入りできない状況となっており、結果として鹿児島―福岡間の交通も遮断《しゃだん》されたことになる。

その日、地震は確実に熊本平野の北東方向に進んでいたので、家内には鹿児島空港に飛ぶように指示し、そこまで迎えに行くことを告げた。

自宅に戻って、車に乗り鹿児島空港を目指した。市内の至るところで、倒壊した家屋や崩れたブロック塀《べい》、垂れ下がった電線など、震災の傷跡が色濃く残っていた。普段何気《なにげ》なく通っていた市内の路上の各所にも障害物が散乱している。高速道路が使えないので、「えびのインターチェンジ」までは下道で行かなければならない。先が思いやられる。

特に、熊本平野から外に出るためには、白川、緑川など、複数の一級河川を越えて行かなければならない。ナビに映し出された地図には、主要な橋が、通行止めを示す真っ赤なマークで示されていた。地震による液状化現象のため熊本平野西部は特にひどく、地盤沈下や不等沈下によって橋脚部と道路の接合部分に大きな段差ができていたり、道路自体が波打つ場所ができていたりしたのである。そのため普段利用する幹線道路は、通行止めによって大渋滞を起こしていた。

幹線道路の大渋滞を回避するべく、ナビを頼りに道を選ぶものの、遅々として進めない。住宅街を通る裏道は、コンビニ周辺で食料を買い出しに来た車列で大渋滞……車窓から眺めたコンビニの棚には、食料品らしきものは残っていなかった。陸の孤島と化した熊本平野に物資の供給が再開できるのはいつになるのか、不透明な状況であることは察しがついた。

道々、至るところにある少し広い駐車スペースは、避難してきた人の車で埋まっていた（一七日九時の時点の避難民総数が一八万人を超えた）。やはり、とんでもない非日常であり、お店もほとんど開いていない。コンビニの商品在庫が底をつくのも、そう遠くないであろう。

普段なら、三〇分くらいで通過できる熊本平野を三時間ほどかけて脱出できた。八代に入ったあたりから、被害状況はいくぶん軽減され、お店もたくさん開いていた。こんなにも状況が変わるものだと実感した。ガソリンスタンドも渋滞していなかったので、用心のために給油することにした。

鹿児島空港へ向かう球磨川《くまがわ》沿いの道すがら、災害復旧応援の印をつけた電力会社、ガス会社、自衛隊、そして警察の車両と数多くすれ違った。ありがたい限りである。

家内を鹿児島空港でピックアップして、高速道路に向かった。帰りは、八代インターチェンジまで復旧していたので、思ったより早く帰り着けたので助かった。

家に帰り着くと、電気と水道は普段通りで、ガスだけが止まっていた。震災後二〇時間経った時点で水道が使えたので、安心してバスタブに溜めていた濁った水を排水し、浴槽を洗った。ところが翌一七日午後になって、断水したのである……困ったことになった。

私の住んでいるマンションは、震災後約一週間でガスや水道も復旧した。これは、市内の他地域に比べても比較的早い復旧であった。ところが、マンション内で我が家の水道だけがなぜか復旧せず、原因となった減圧弁の交換に一ヵ月を要した。

幸いなことに、水がまったく出ないわけではなく、家中のどこか一ヵ所の蛇口だけからは連続的に水滴が滴り落ちていたので、夜間バスタブに水を溜めて何とかしのいだ。さすがにそんな生活を一ヵ月間も強《し》いられると、水がいかに大切かを痛感する。節水生活の良いトレーニングになった。

震災下の温泉で悟ったこと

震災後、ライフラインが壊滅的な状況になると、日頃意識することのない、水、電気、ガスのありがたみを痛感させられる。現代はスマホがないと不便な世の中だから、充電用の電気はある意味、生命線かもしれない。交通網が遮断されると移動手段がなくなるから、ガソリンも要注意だ。しかし、何といっても、水の枯渇が最も深刻だ。

生活で使用する水のなかで、飲み水は大した量にはならないが、他の生活雑水（水洗トイレの水、食器や食材の洗浄水、洗濯やシャワー用の水）が深刻な問題となる。水洗トイレでは、バケツ二杯ぐらいの水が必要になる。食器も洗えない。洗濯もできない。風呂にも入れない……。

私の場合は、震災発生から一週間がそんな非常事態であったが、住むところが確保できて、電気も使えるのだから、テントや避難所で被災生活を強いられている人々に比べたら、天国のような状態だった。

震災後長期にわたってライフラインに支障をきたしていた熊本市ではあったが、さすがに水の都だけあって、熊本平野は湧水《ゆうすい》には事欠かない。さらに温泉も随所に存在しており、早々に営業を再開できたところには、ライフラインの止まった市民がこぞって押し寄せた。そのため、ものすごく混雑はしていたが、被災地では入浴できる環境も確保されていた。正に、地獄のなかの楽園といった感じである。

さらに、車で一〇キロほど走って、熊本平野の外に出られれば、阿蘇の美味しい天然水や美肌の湯が随所で待っている。普段から天然水を汲《く》みに行っていたので、水汲み用の容器もそれなりに持っていた。

熊本平野の北側なら、立田山断層を越えてしまえば、ほとんど被災していない地域が広がる。最大震度七を記録した同じ熊本県熊本地方なのかと思ってしまうぐらい、ほぼ無傷の状態で、日帰り温泉（菊池温泉、山鹿《やまが》温泉、宮原温泉など）を堪能《たんのう》できる。

普段から五〇〇円以下と低料金の入浴料なのに、震災時は被災者に対して無料で開放してくれた施設もたくさんあった。それらの温泉地には、湧水も近くに存在する。

つまり、断水のための水汲みがてら美肌温泉を堪能できるところが多々あるのだ。それら温泉施設に付随する旅館やホテルには、災害復旧支援のマークを付けた車がたくさん駐車していた。きっと毎日、温泉につかりながら、災害復旧活動をしてくれた助っ人も多かったことだろう。

壊滅的な大地震のあとではあったが、阿蘇の美味しい天然水を飲料水や生活雑水として利用できたり、温泉につかって震災のストレスを軽減できたりと、他の災害地域ではなかなかお目にかかれない被災風景だ。しかし、それが熊本平野という土地柄なのだ。

このときのように、地震や火山は稀に災害をもたらす。しかし、天然水や温泉のように、その何十倍、いや何百倍にも達する自然の恩恵を、私たちは普段から享受していることに気付かされる。

自然災害である地震に伴った活断層や火山噴火と我々の生活基盤を支える自然の恩恵が、どのような関係になっているのかを具体的に認識し、日々の生活を見つめ直すと、自然災害が単なる悪者ではないことを実感できるはずだ。

そのうえで現代の情報をうまく活用すれば、被災することなく自然災害をうまくやり過ごすことも可能なのだ。

第一章　活断層が生む豊富な水資源

水資源豊かな日本列島の秘密

近年は、地球温暖化のためか、日本列島にもゲリラ豪雨や土砂災害といった雨にまつわる災害が少なくない。ただ、台風、梅雨前線、豪雪といった気象現象は、いずれも日本列島へ多くの淡水を供給してくれる。

突然、天から度を越した淡水が供給されると、気象庁は「かつて経験したことがない豪雨」といった表現とともに警報を発する。しかし逆に考えると、例外的に局所を襲う集中豪雨を除けば、日本は淡水の恵みを常に享受《きょうじゅ》できる国でもあるのだ。

どのくらい日本が淡水に恵まれているかというと、世界の年間平均降水量八八〇ミリに対して、日本のそれは倍近くの一七一八ミリに達する。日本の年間平均降水量を超える主要国は、同じ温帯に属するニュージーランドを除くと、その他は、すべて熱帯雨林気候に属する東南アジアのインドネシア、シンガポール、フィリピンであり、そこでは年間平均降水量が二千数百ミリに達する。熱帯雨林気候の代名詞的存在であるアマゾン川流域のジャングルを持つブラジルでさえ、日本の降水量と大差はないのだ。

ちなみに、日本が多くの農産物を輸入しているアメリカ（七一五ミリ）や中国（六四五ミリ）は、日本の年間平均降水量の半分にも満たない。それだけ日本は、亜熱帯・温帯地方であるにもかかわらず、淡水に恵まれた国なのだ。

そもそも世界の水事情がどうなっているのか、多くの日本人はあまり関心がない。しかし地球温暖化の進行とともに、水事情は厳しさの度合いを日に日に強めている。

地球は水の惑星であり、海岸に行けば無尽蔵《むじんぞう》と思えるほどの水が存在している。しかし水は水でも、それは海水であり、飲んだり農業に使ったりできない水である。

では、人間生活に直接関連する水、つまり淡水がどれほどあるかというと、全体の二・五%にしかならない。しかも日本なら、少し歩けば一級河川に出会えるが、地球上における河川水の割合は、たったの〇・〇〇〇一六%足らずで、日本の常識が世界の非常識であることがお分かりいただけるであろう。

地球における淡水のストックとして氷河や地下水も大事な存在であるが、温暖化に伴って氷河は溶けて海に流れ出してしまっている。さらに、地下水も農業生産や工業活動のためにストックを減らし続けており、底をつく日が訪れるかもしれない。

このように、淡水は世界的に見て貴重な資源であり、大部分は食料生産用の農業用水として使われ、飲料水はわずかだ。だから農産物の輸入は、バーチャルウォーターの輸入ともいわれる。

日本でも淡水は、農業用に六七%が使われており、次いで生活用水が一九%、そして工業用水として一四%が消費される。グローバルな視点に立つと、淡水確保は食料問題であり、水利権がこじれれば、戦争に発展するのは必至。農業と水は切っても切れない関係である。日本のように淡水に恵まれた国では、水はあって当たり前だから、「湯水のごとくお金を惜しみなく注ぎ込む」などの表現が多用される。無尽蔵《むじんぞう》な資源として水を認識しているのだ。

しかし、被災してライフラインが壊滅的な打撃を受けると、改めて水のありがたみを痛切に感じる。特に、飲料水というよりも生活雑水のウエイトを、被災者としてバケツの水を運ぶたびに実感した。日本における水資源の恩恵は計り知れないのだ——。

そして、日本列島が淡水豊富な土地となるためには断層運動が必要だった、と説明しても、なかなか理解してもらえないかもしれないが、本当のことである。

日本列島は、ユーラシアプレートと太平洋プレート、あるいはフィリピン海プレートがぶつかり合ってできた、環太平洋火山帯の一部だ。この造山運動が地殻変動をもたらし、日本列島全体を山脈のように作り上げる。地質学的タイムスケールのなかで繰り広げられた地殻変動に伴って、膨大な数の活断層が形成され、現在も造山運動は継続している。

地殻変動は上下方向のみならず水平方向にも発生し、ユーラシア大陸とのあいだには、日本海や東シナ海（沖縄トラフ）といった巨大な陥没《かんぼつ》地形も構築している。

地殻変動によって海上に出現した山脈は、高温の海水である黒潮の分水嶺的な役割を果たし、九州南端で日本列島の南側を通る黒潮と、対馬《つしま》海峡を通り対馬暖流となって日本海側へ進む二つの流れを作り出した。亜熱帯循環の一員である黒潮は、赤道上で効率よく温められた海水を、フィリピンや台湾の東を通って亜熱帯から温帯地域である日本に運んでくれる。

これによって、多量の水蒸気を発生し得る高温海水が常時、日本列島の周囲を取り囲む。そして、モンスーン気候下、初夏には南から北に向かって大量の水蒸気が梅雨前線となり、日本に淡水をもたらす。冬には日本海で発生した大量の水蒸気が日本海側の山間部で降雪と化し、淡水を膨大に降り積もらせる。

このようにして日本列島は、地殻変動で作り出された巨大な淡水製造装置となり、水資源豊かな、世界でも珍しい国となったのだ。

淡水ボケしている日本人と違って、大陸地域では死活問題……北海道の原野を低価格で爆買いする中国人あるいはその仲介業者は、水資源確保がその狙いの一つに挙げられている。日本の水資源は、世界に狙われるほど価値あるものなのだ。

金になる日本の水資源

高温海水たる黒潮、モンスーン気候、活断層を伴う地殻変動で構築された山脈といった三要素の共同作業で、日本列島の水資源供給システムが完成している。そして、急激な地殻変動によって形成された山脈群では河川勾配《こうばい》が大きく、さらに地下深部で形成された透水性の悪い岩盤類のせいで、降水を素早く海へと導いてしまう。そのため、ヨーロッパの研究者などが日本の河川を見て滝だと表現するのは、決まり文句のようになっている。

ヨーロッパ諸国をゆったりと流れるライン川は、日本の河川とは対照的だ。スイスアルプスを源流部に持つライン川は、ドイツとフランスの国境を通って、ドイツ国内に入ったあと、オランダ国内を流れ下り、ロッテルダム付近で北海に至る、全長一二三三キロにも及ぶ大河である。

各地を経由する過程で様々な物質が溶け込むライン川には、溶存元素も多い。河川水に流れ込むのは、地層から溶け出した無機塩類のみならず、様々な人工的汚染物質も追加されながら下流域のオランダに辿り着く。そのため一九七〇年代には、オランダを流れるライン川は「ヨーロッパの下水道」と揶揄《やゆ》されたほどだ。そんなこともあって、ヨーロッパでは、古くから地下水を原料とするミネラルウォーターが商品として流通している。

一般に、淡水に溶けているカルシュウムやマグネシュウムの量によって、硬度が設定されており、低いほうから軟水、中硬水、そして硬水となる。

淡水の硬度は、日常生活と密接に関係しており、硬水はなかなか厄介《やっかい》な水である。たとえば石鹸は、衣類の汚れを吸着する前に淡水中のマグネシュウムイオンやカルシュウムイオンと反応すると洗浄力が低下する。

また、マグネシュウムイオンは、人間の味覚に渋みや苦みを与えるため、相当量溶け込んでいる場合は不味《まず》く感じられ、しかも排便作用があるため下痢になる人も多い。ヨーロッパは概《おおむ》ね硬水だから、旅行で下痢をした人は、硬水の飲用が原因かもしれない。

しかし、色々な物に両面性があるように、硬水の排便作用を逆手《さかて》にとれば、便秘気味の人の体調改善に役立つ場合もある。便秘は美容の大敵だから、改善されれば美しくなれる。そんな効能を期待して、硬水あるいは溶存元素の多い温泉水が、長寿の水や美人の水として、もてはやされたりする。

一方、海上や陸地で蒸発した水蒸気は、蒸留水のようにほとんど溶存元素を含まないので、舐《な》めても塩辛くはない。雨や雪として地表にもたらされた水が素早く海に戻る日本では、ライン川とは逆に、溶存元素が少ない淡水が大部分だ。

日本のミネラルウォーターと聞いて、一九八三年にハウス食品が販売した「六甲のおいしい水」が記憶に残っている人も多いはずだ。一口にミネラルウォーターといっても、農林水産省は品質表示ガイドラインで、ナチュラルウォーター、ナチュラルミネラルウォーター、ミネラルウォーター、ボトルドウォーターの四種類に分けている。

大雑把《おおざっぱ》にいうと、日本の地下水を原水とする飲料水は、大方ナチュラルミネラルウォーターに分類され、二〇一五年の出荷量シェアは八五・三％に達する。つまり、ミネラルウォーターの大部分は、地下水だ。

ヨーロッパのミネラルウォーター市場と同様に、近年では、日本でも数多くのミネラルウォーターが市場に出回ってきた。一九八二年のミネラルウォーター国内販売量が約九万キロリットル（国産九九・八％、輸入〇・二％）であった市場規模は、二〇一五年には約四〇倍の約三三九万キロリットル（国産八九・七％、輸入一〇・三％）に膨れ上がった。

ガソリン一リットルが一二〇円なのに対して、ミネラルウォーターは五〇〇ミリリットルで一〇〇円以上することを考えると、かなりの高額商品である。二〇一五年度のミネラルウォーターの市場規模は二八六〇億円に上り、近年、家庭にも浸透しつつあるウォーターサーバーによるミネラルウォーターの市場規模も一一三五億円に達し、まだまだ成長が見込まれる、正に水商売である。地下水が豊富な地域なら原価は限りなくゼロに近く、利益率の高いぼろ儲け商売だ。

最近では、日本コカ・コーラの「い・ろ・は・す」やキリンビバレッジの「アルカリイオンの水」が海外飲料水市場に挑戦している。このように、近年の健康ブームや災害時の非常用水という追い風もあって、ミネラルウォーター産業には多くの会社が参入し、銘柄は一〇〇〇種を超える。

火山が支えるミネラルウォーター

たとえばサントリーは、「天然水」シリーズというブランドとして、南アルプス（採水地：山梨県北杜《ほくと》市白州《はくしゅう》町鳥原）、鳥取の奥大山《おくだいせん》（採水地：鳥取県日野郡江府《こうふ》町）、阿蘇山（採水地：熊本県上益城郡嘉島町）から地下水を採水している。

また日本コカ・コーラでは、「い・ろ・は・す」および「森の水だより」というブランドで、北海道（採水地：北海道札幌市清田区清田）、奥羽山脈（採水地：岩手県花巻市太田）、富山（採水地：富山県砺波《となみ》市東保《ひがしぼ》）、日本アルプス（採水地：山梨県北杜市白州町）、大山山麓（採水地：鳥取県西伯《さいはく》郡伯耆《ほうき》町）、霧島山麓（採水地：宮崎県えびの市大字東川北）で地下水を採水している。

さらにアサヒ飲料では、「おいしい水」シリーズとして、西日本では六甲（採水地：神戸市西区井吹台東《いぶきだいひがし》町）を、東日本では富士山（採水地：静岡県富士宮市北山）を販売しており、そのほか富士山のバナジウム天然水（採水地：山梨県富士吉田市）も販売している。

ミネラルウォーターの採水地に着目すると、富士山、阿蘇、大山、霧島、岩手県花巻など、第四紀（約二六〇〇万年前から現在まで）の火山地帯が浮かび上がってくる。つまり、北海道を含めたこれらの火山群では、広範囲に分布する火山噴出物（火山灰、火砕流堆積物、溶岩流）に多くの隙間が存在するので、地層が帯水層としての役割を果たすのだ。

つまり、かつての大規模火山災害地域で、火山噴出物が透水性の悪い岩盤の上に堆積すると、降水が地下に浸透して大規模な天然貯水池として機能する。

すると、山頂から山麓《さんろく》にかけて浸透した降水は、山麓において湧水《ゆうすい》となる。その水資源の豊富さは、阿蘇や富士山の伏流水などのように観光資源にもなっている。

地下にある巨大帯水層の役割

先述のように、火山噴出物は、砂や礫《れき》といった比較的粗い物質で構成されているため隙間が多く、そこに多くの水を蓄えることができる帯水層になる。

そして活断層は、山地の急激な傾斜変化をもたらす。そのため、活断層を境にして山地側は急峻《きゅうしゅん》な地形で土石流の供給源となり、その反対側にある緩斜面では、土石流の堆積場としての扇状地が出現する。

長期間にわたってこの関係が継続すれば、土石流堆積物の集合体としての広大な扇状地が、川と活断層が交差する地点を扇頂として発達する。黒部川の黒部川扇状地や六甲山の南に広がる神戸市は、扇状地の上に発達した場所である。

六甲、南アルプス、北アルプスは、多量の土石流堆積物を供給できる急峻な花崗岩《かこうがん》山地が多い。それを作り出す活断層もそれぞれで確認できる。六甲地域では、阪神・淡路大震災にも関連した六甲・淡路島断層帯の一部である芦屋《あしや》断層や甲陽断層がそれに当たり、古くから灘《なだ》の酒を育《はぐく》む地下水（宮水）が有名である。

南アルプスの採水地近傍では、糸魚川《いといがわ》―静岡構造線活断層系に含まれる竹宇《ちくう》断層や白州断層が想定されており、山梨県白州町台ヶ原ではサントリーのウイスキー工場をはじめ、日本酒の酒蔵が存在する。

また、富山では、砺波《となみ》平野の東縁部に砺波平野断層帯（高清水断層）が分布し、湧水は断層帯の近傍に存在する。なお、この活断層は震度五強〜六強の地震を発生させると想定されているものの、発生間隔は約六〇〇〇年らしい。これらの他に、日本酒で有名な伏見《ふしみ》の酒の原料となる水も湧水であり、活断層帯である三方―花折断層帯の桃山断層に関連した地下水である。

日本では、火山活動や活断層に伴って形成された地層が帯水層となり、降水を溜めることのできる地下貯水池が膨大《ぼうだい》に作り出されている。地下水を保持できる帯水層の形成環境にとって、火山噴出物や活断層は必要不可欠であり、これらによって日本は淡水の恩恵を享受できているといっても過言ではない。また地下の巨大帯水層は、天候の変動に伴う降雨量の不足分を補って、干魃《かんばつ》による被害を軽減してくれる。

海外のミネラルウォーターの特性

さて、日本でも多くの愛好家がいるミネラルウォーターといえば、フランスの「エビアン」や「ボルヴィック」を思い浮かべる人も多いだろう。また、アメリカの「クリスタルガイザー」も日本では人気が高い。これら三種類のミネラルウォーターは、日本のそれと同じく、やはり自然災害地帯が原産地であるとみなせる。

「ボルヴィック」や「クリスタルガイザー」は、火山地帯が採水地である。

まず「ボルヴィック」は、アルプスの西側に発達するライン地溝帯の一つであるリマーニュ地溝帯内で、九万五〇〇〇年前に発生した火山噴出物層を帯水層とした地下水が原料であり、状況は日本と同じである。一方、「クリスタルガイザー」は、カリフォルニア州北部に位置するシャスタ山の伏流水が原料となっている。シャスタ山は、最近では一七八六年に噴火しており、さしずめ日本なら富士山や大山の伏流水のようなものだ。

また、「エビアン」や「クリスタルガイザー」は、粗粒堆積物を帯水層としている。

まず「エビアン」は、フランスのローヌアルプス地域圏のエビアンという町から採水されている地下水である。レマン湖南岸に広がる陸成砕屑物《さいせつぶつ》を主体とした堆積層を帯水層として、地下水は約一五年にわたって滞留。地形的には明瞭な線状構造が観察され、活断層の存在が推定できる。

「クリスタルガイザー」は、シエラ・ネバダ山脈の東側に広がるオーエンズ谷に採水地が存在する。オーエンズ谷の西岸は断層で境されており、南端は世界で最も有名な活断層であるサンアンドレアス断層ともつながる。「クリスタルガイザー」の採水地近くを走るオーエンズ谷断層は、一八七二年にマグニチュード七・五程度の地震を発生させた活断層だ。

このように、洋の東西を問わず、活断層と火山活動は地下水を育む大事な自然現象なのだ。

熊本の水道はミネラルウォーター

ところで熊本市の水道は、蛇口《じゃぐち》を捻《ひね》るとナチュラルミネラルウォーターが出てくる全国でも珍しい地域だ。熊本市の上水道は、一〇〇%地下水で賄《まかな》われているのである。

熊本市の口径一三ミリの水道料金は、最初の一〇〇〇リットルまで基本料金の九七二円で、さらに一〇〇〇リットル使用した場合の加算料は、たったの一六円である。そんな熊本市の上水道は、サントリーが採水している「阿蘇の天然水」シリーズとほぼ同系統の地下水なのだ。

熊本市民は飲料水はもちろんのこと、生活雑水にも、この水を使用している。なんとも贅《ぜい》沢《たく》な話である。

熊本地方は比較的雨が多く、なかでも阿蘇山では年間平均降水量が三〇〇〇ミリ程度に達し、熱帯地域をも凌駕《りょうが》する。熊本市の上水道を賄う膨大な量の地下水は、阿蘇の火山活動や、立田山断層、布田川断層、そして日奈久断層の活動によって構築された。

これらの断層によって南北を境され、現在も沈降を続ける熊本平野は、周囲の山地に対して盆地地形を成す。沈降する盆地には、阿蘇カルデラの噴出物や盆地周辺の火山噴出物（砥《と》川《がわ》溶岩、金峰山噴出物、大岳噴出物）が分厚く堆積することを可能にし、巨大な地下水盆が熊本平野の地下に形成され続けている。

帯水層には、これら多孔質の火山噴出物から成る火砕流堆積物や溶岩流の他に、それらを起源として発達した扇状地堆積物と、その浸食面である段丘堆積物が含まれる。

段丘堆積物と沖積層《ちゅうせき》が交わる地点において、多くの湧水が存在する。その境界に沿って、北部には八景水谷《はけのみや》、中央部には水前寺《すいぜんじ》および江津湖《えづ》、西部には浮島《うきしま》や下六嘉《しもろっか》、東部には秋津川沿いにおいて湧水地が分布する。そして、これらの湧水は、それぞれ坪井川、加勢川、矢形川、そして秋津川に注がれ、有明海へと流れていく。

このように熊本市では、活断層によって作り出された巨大な地溝状凹地と、そこを埋め尽くす帯水性に富む火山性堆積物の恩恵によって、豊富な地下水を長きにわたって活用してきた。これからもその恩恵を受け続けられるであろう。

第二章　火山と活断層が生む世界一の温泉群

温泉天国ニッポンの全貌

日本は、温泉天国。太平洋を取り巻くように分布する活火山の帯は、環太平洋火山帯と呼ばれる。世界の陸上部に分布する活火山の約一割が日本に集中しているのだから、温泉天国であるのも、なんとなく頷《うなず》ける。

既にお気付きのことと思うが、「温泉天国＝火山災害地帯」と思いがちであるが、火山がなくても温泉があるところはたくさんある。そういうタイプの温泉地帯は、活断層地帯なのだ。温泉を作り出すうえで、火山活動はたしかに十分条件ではあるが、活断層も必要不可欠である。それでは、温泉の恵みと自然災害の因果関係を説明しよう。

湯治《とうじ》や温泉療養など医療行為的なイメージが強い温泉だから、所轄する国家機関が厚生労働省かと思いきや、実は環境省である。山から勝手に湧いて出るイメージの温泉ではあるが、環境省によるちゃんとした定義や法律も存在する。

それによれば、温泉源から採取されるときの温度が摂氏二五度以上あるか、または以下であっても温泉法の定める一八成分のどれかが規定値以上の濃度を有するか、あるいは溶存物質の総量が一〇〇〇ミリグラム／キロを超える場合となる。なんだか、大人の事情で条件を緩和した結果、なんでもありの定義に仕上がったようにも見える。二六度くらいしかない地下水を温泉と呼ばれても……風邪をひかないようにしなければ。

そのような定義のもと、環境省がまとめた「平成二六年度温泉利用状況報告」によると、日本列島には約三〇〇〇ヵ所に二万七三六七本の源泉があり、一分間当たりの日本の総湧《ゆう》出量《しゅつりょう》は、二六三万リットルである。温泉掘削技術の発達に伴って、一〇〇〇メートル近い掘削も可能となり、昭和の末期から平成二〇年くらいにかけて、揚湯量が増加した。

どこの県が温泉天国かというと、湧出量で見た場合、大分県が一位となり、毎分約二八万リットルのお湯が湧いている。町中が有名温泉地である別府や湯布院を考えると、この結果には頷ける。二位は北海道で毎分約二六万リットルになる。北海道は広い範囲に多くの温泉が存在しているからであろう。三位以下は、鹿児島県、熊本県、青森県、静岡県、長野県、岩手県となり、毎分約一一万〜一六万リットルの湧出量がある。各県名を聞いて、温泉名がイメージできる人はかなりの温泉通である。

それでは、各県の共通点はなんだろう。活火山が存在する県と答えられた人は、素晴らしい地理学の知識人である。地質学的素養のある人なら、上位五県が、阿蘇カルデラのような巨大カルデラ火山が存在する県で、日本列島の北と南に集中していることに気付いたであろう。当たり前といえばそれまでだが、温泉天国とは大きな火山が存在している場所なのだ。

一方、温泉地の経済的な側面から見た場合の天国はどうなるか、それを延べ宿泊利用人員の観点から眺めてみよう。

最も宿泊利用人員が多いのは北海道で、次に静岡県となる。両地域とも延べ年間一〇〇〇万人以上の集客力を誇っている。上位二地域に大きく水をあけられて、長野県、神奈川県、群馬県、大分県、栃木県、兵庫県、和歌山県、福島県と続き、延べ四四〇万～七六〇万人の範囲になる。先ほどの順位とは大きく入れ替わっていることがお分かりいただけよう。

おそらく、宿泊客のストックとして大都市圏を抱えているといった事情や、スキー客など付随条件が色濃く反映されているのであろう。この順位では、活火山の存在しない兵庫県や和歌山県が入ってきて、観光資源としての温泉が必ずしも活火山と結びついていないことがうかがわれる。しかし、両地域の温泉とも活断層に起因した温泉であり、地震災害と無縁というわけではない。

いずれにせよ、二〇一四年度の全国延べ宿泊利用人員は、約一億二八〇〇万人と集計されている。宿泊料を安く見積もって一泊あたり一万円とすれば、総額では一兆円を超す巨大産業となる。このように温泉観光一つとってみても、日本の経済において、火山活動や活断層が無視できない存在となっているのだ。

火山性温泉と非火山性温泉とは

温泉の起源は、火山性温泉と非火山性温泉の二つに分けられる。

火山性温泉は、地殻の浅いところに貫入した摂氏一〇〇〇度前後のマグマの熱や、そこから分離した噴気が火山体内部に浸透した地下水を温めたり、あるいは混ざり合ったりすることで作り出される。マグマから分離した火山ガスや熱水は、塩酸、二酸化硫黄《いおう》、硫化水素が多量に含まれているため、火口近くの温泉は概して、酸性泉（pH《ペーハー》三未満）が特徴的に現れる。温泉地を訪れたときに漂ってくる温泉臭（あるいは腐卵臭）の原因物質がこれら酸性の火山ガスであり、この臭いを嗅ぐと、入浴への期待が一気に高まったりするものだ。

これら火山活動に直結した温泉は、しばしば硫化水素のたちこめる地獄地帯を形成し、観光資源の大事な目玉ともなっている。高温の強酸に侵された岩石群が粘土化していたり、真っ白になっていたりする光景は、どこでもおなじみだ。

強酸性の温泉としては、秋田県仙北市の玉川温泉（pH一・二）や、大分県湯布院の塚原温泉（pH一・四）などがある。強酸性の玉川温泉は、岩盤浴発祥《はっしょう》の地ともいわれている。塚原温泉にはしばしば日帰り入浴したことがあるが、酸性度が強いため、温泉水がちょっとした傷に掛かったり目に入ったりすると、かなり痛む。

秋田の玉川温泉は、第四紀はじめの約二〇〇万年前と一〇〇万年前に大規模な火砕流噴火を起こした玉川カルデラ（一〇キロ×一〇キロ）に起因する温泉で、周囲を森吉山、秋田焼岳、八幡平《はちまんたい》、岩手山、秋田駒ケ岳、田沢湖といった、東北地方を代表する錚々《そうそう》たる火山に囲まれている。

一方、塚原温泉は、第四紀活火山の一つである伽藍岳《がらんだけ》の火口内にある。噴気活動は、一二〇〇年前および一〇〇〇年前に確認され、二〇〇三年の活火山見直し時に、新たな活火山として認定された。そんな活火山の火口間近に塚原温泉の源泉があり、個人的にはちょっとしたスリルを感じている。この他にも、多くの強酸性温泉が全国に存在するが、ほぼ間違いなく火口周辺に限られる。

ただ、近くに活火山がなくても湯煙が漂う温泉地はたくさんある。近畿、関西、四国地方には、そんな温泉が数多く存在し、非火山性温泉と呼ばれている。日本三古泉と呼ばれる兵庫県の有馬温泉、愛媛県の道後《どうご》温泉、和歌山県の白浜温泉は好例といえよう。

これらの温泉は、マグマを直接の熱源とするのではなく、地殻の持っている熱によって加熱された地下水が温泉となって地表に出現する。そのため、日本列島の西半分を大きく横断する中央構造線近傍に上記の道後温泉が存在し、白浜温泉の近くには湯崎断層があり、一九六二年一月四日にはマグニチュード六・四の地震を、一三三一年八月一五日にはマグニチュード七以上の地震を発生させたと考えられている。

また、有馬温泉は、有馬—高槻断層帯と呼ばれる活断層（周期四万二〇〇〇年、一五九六年の慶長伏見地震の原因）の西側の基点となっており、地震災害と無縁ではいられない。

非火山地帯で温泉を得るためには、地下深部に達する断層を狙うのが地質学的な常套《じょうとう》手段である。そうした意味において、活断層の近傍に温泉が存在するのは、ある意味当然で、温泉地の名前を冠した活断層もたくさんある。

温泉に重要な地下水循環システム

では、温泉の熱は、どこから来るのだろうか？　摂氏一〇〇〇度前後のマグマが地殻上部に存在する火山地帯では、地殻がその熱によって温められるため、深さが一キロ増すたびに、摂氏五〇〜三〇〇度程度、急上昇する。火山地帯に温泉が多いのは当然である。

ただ、マグマさえあれば火山性温泉ができあがるかというとそうでもなく、熱源と地下水供給システムとしての断層が必要不可欠なのだ。火山体における火口や山頂付近は、活発な噴火活動が継続中のときは高温かもしれない。しかし、噴火活動が活発でない時期には高温というわけではない。だから平常時には、活火山であっても、火口まで登れる山がいくつも存在する。そして、熱源は概して地下深部にあるのだ。

火山性堆積物は極めて透水性が良いから、大きな断層がその堆積物のさらに地下深部まで連続していれば、容易に地下数キロに存在するマグマ溜《だまり》の周囲まで、温泉の材料となる地下水を届けられる。

北海道、東北、九州に数多く存在する直径が一〇キロ以上に達する大型のカルデラ火山（大量の火山噴出物が一気に放出されて、巨大な火山性の窪地を作り上げた火山）は、規模も大きいうえ、そのカルデラ縁が地下深部に達する断層運動によって作り上げられるため、地下水の涵養《かんよう》と大規模な熱源が同時に確保され、豊富な湯量が期待できる。

油田や天然ガス田のように、上昇してきた温泉が地表に到達しないように蓋《ふた》をしてくれる岩石（キャップロック）が存在すれば、その下には多量の温泉水が蓄えられる可能性が高くなる。堆積岩が地中深く沈降した場合は、このようなキャップロックの存在が重要になる。

だから、大規模カルデラ火山が存在する大分県（猪牟田《ししむた》カルデラ）、北海道（屈斜路《くっしゃろ》カルデラ、阿寒カルデラ、洞爺湖《とうやこ》カルデラなど）、鹿児島県（姶良カルデラ、加久藤《かくとう》カルデラ、阿多カルデラなど）、熊本県（阿蘇カルデラ）、青森県（八甲田カルデラ、十和田《とわだ》カルデラなど）が湧出量の上位五県になるのは、火山学的には当然のことなのだ。

地球は、地下深くに進むにつれて温度が次第に上昇する地温勾配《こうばい》を生み出す。地殻の底に相当する地下三〇キロ程度になると、摂氏九〇〇度に達し、それより倍くらい深いところでは、千数百度にもなって、マグマと同じくらいの温度まで上昇する。

最近では地下一〇〇〇メートル以上を深掘りできる。この掘削技術を用いることで、地下深部に存在する水脈から温泉を汲み上げられる。地下の状況によっても多少異なるものの、火山活動の影響が少ない地域では、深さが一〇〇〇メートル増すたびに摂氏三〇度上昇する。すると、摂氏一五度の非火山地域であったとしても、深さ一五〇〇メートルくらいだと、地殻深部で地下水が摂氏六〇度くらいまで加熱される。

しかし、そんなに深く掘らなくても、高温泉が出る非火山性温泉もある。その代表は、有馬温泉（源泉温度：摂氏二〇〜約一〇〇度）や白浜温泉（源泉温度：摂氏三〇〜八五度）で、高塩濃度温泉でもある。

両地域において、火山が初めて出現する火山フロントは遥か北の日本海側にあり、有馬温泉にしても白浜温泉にしても、火山と無縁な海溝側地域である。そのため熱源として地下のマグマ溜は考え難い。そんな特殊な「有馬型温泉」を地球化学的に検討した結果、温泉成分からは、地殻よりもさらに深いマントル成分を示す同位体的特徴が見つかった。

この証拠は、「有馬型温泉」では、地下数十キロに沈み込んだフィリピン海プレートから直接、地殻上部まで流体が上昇し、地下水と混合した結果として、高温で高塩濃度の温泉が形成された特殊な例であることを示す。

このように、温泉ができるためには、熱源としてのマグマ、地温勾配、そして高温流体の上昇が重要だ。しかし、それよりも重要なのは、地下深部に達する地下水循環システムの構築だということを忘れてはならない。

これは、火山性温泉であろうと非火山性温泉であろうと、状況は同じだ。地下水が地下深部で温泉となって軽くなれば、浮力が増して自然に地表へ到達する。もしも地下水の涵養量に対して温泉の汲み上げ量が多過ぎるのならば、温泉が枯渇してしまうのも時間の問題となる。さらに、地下水の循環にかかる時間が短ければ、さほど高温になることもなく汲み上げられてしまう。

非火山性温泉は、地下深部に到達できる断層に地下水が涵養されるか否《いな》かが重要。しかも、定常的に供給されることが必要となる。

古い時代に形成された断層は、高温・高圧の地下深部では地質学的変化によって塞《ふさ》がれてしまい、地下水が循環できなくなる。そこで、浸透性を確保するためには、ある程度の間隙で断層面の再破壊が必要不可欠だ。したがって、深部に地下水を涵養し続け、そして温まって軽くなった温泉水を湧出させるような大規模給湯システムの配管として、活断層は不可欠なパーツなのだ。

だから非火山性温泉地は、関西から四国を通って九州に至る中央構造線沿いや、静岡県から山梨県、長野県、新潟県を通って日本海側に至るフォッサマグナのような大断層に沿う地域に点在するのである。

火山性温泉の泉質の楽しみ方

もともと温泉水は様々な成分の混ざった高温溶液であり、高温・高圧の地下深部では、通り道となっている帯水層や断層破砕帯内で周囲の岩石と反応する。いうならば、地中はとても大きな圧力鍋のようなもので、長時間煮込んだ結果のスープが温泉というわけだ。そういった理由で、様々な物質が存在する地中を巡るうちに、地下水は様々な温泉に変貌していく。

熱源における加熱程度や流動途中における冷却程度に応じて、温泉の温度は変化する。泉温の違いを識別するために温泉の専門家は、水温に応じて、高温泉、温泉、低温泉、冷鉱泉の四種類に識別している。なので、入浴に適さない温度の温泉もあり、水で薄めたり（加水）、ボイラーで温めたり（加温）して温度調整を行っている施設も多い。

温泉施設に関しては、その辺の事情が、こと細かにいろいろと温泉法で決められている。それは、二〇〇四年に発覚した温泉偽装問題が原因だ。白濁した温泉が透き通ってきたため入浴剤を入れて偽装したり、水道水を加温して温泉と偽っていた温泉施設があったため、それらの温泉偽装を防止する必要が生じたのである。

そうして、二〇〇五年に温泉法施行規則の一部が厳格に改正され、温泉施設は入浴用に温泉の調整を行った場合、加水・加温・循環装置の使用有無、あるいは入浴剤の添加や消毒処理を併せて表示することが義務付けられた。だから、昔と違って最近の温泉ガイドブックには、それらの温泉に関する情報が記載されているわけだ。

温泉を細かく規定したがる日本の国民性は、世界一温泉を愛していることの表れなのだろうと感心する。かくいう私も温泉大好き人間で、温泉表示の詳細化をとても歓迎している。

温泉表示の持つ意味を少し理解できると、温泉巡りも格別なものとなること請《う》け合いだ。巷《ちまた》では温泉ソムリエなる民間資格もあり、多くの芸能人が取得して芸に幅を持たせているくらいだ。

ここで温泉の基本的性質を少し説明しよう。

温泉を語るうえで基本となるのは、溶液としての温泉の酸性あるいはアルカリ性の度合いである。最近では築地《つきじ》市場の豊洲《とよす》移転問題でもめた汚染地下水の性質として、アルカリ性は一躍《いちやく》脚光を浴びた。

温泉の場合、酸性あるいはアルカリ性の度合いによって、入浴時の感触や入浴後の肌の艶《つや》がテキメンに違ってくるから、知っておいて損はない。温泉のｐＨの違いと入浴感の違いはかなり明瞭である。

温泉は、ｐＨに応じて五つに分類されており、ｐＨの低いほうから酸性泉、弱酸性泉、中性泉、弱アルカリ性泉、そしてアルカリ性泉となる。

酸性泉は、マグマ起源の火山ガスや熱水に起因しているため、火山性温泉のなかでも火口周辺にその存在が限定される。一般に、酸性泉は余分な皮脂を洗い流すと同時に殺菌効果が期待されており、慢性皮膚炎などに効能があると考えられている。入浴後は、皮脂の除去に伴う皮膚のサラサラ感が、とても快適である。

そのため、汗っかきの私は、個人的に酸性泉に心酔しており、南阿蘇村にある細川藩御用《ごよう》達《たし》の地獄温泉に毎週通っていた。決して、地獄温泉「すずめの湯」が混浴だからという理由で足しげく通っていたわけではない。誤解なきよう申し添えておく。

当の「すずめの湯」もそうなのであるが、一般に酸性泉は泥パックを楽しめる施設も多く、美肌の湯としてリピーターも多い。難点は、衣類が温泉臭くなることだ。

一方、酸性泉の対極にある弱アルカリ性泉やアルカリ性泉は、地下水の熟成状況に応じて変化する。温泉の原料となる地下水。そして、さらにその大本となる降水は、大気中に含まれる二酸化炭素と十分に反応して、弱酸性である。

地中に浸透した弱酸性の降雨は、腐植土中に含まれる有機物の分解によって発生した二酸化炭素とも反応し、弱酸性が維持される。しかし、大気と切り離されて帯水層内を流動し地下水となる頃には、砂や岩石と反応してナトリウムイオン等が地下水に溶け出す。そのとき地下水中に溶けていた二酸化炭素は、ナトリウムイオンと反応して炭酸水素ナトリウムに変化し、地下水自体は中性からアルカリ性に変化するという仕組みだ。

これらの地下水が中和されることなく岩石と反応し続ければ、さらに塩基性に傾きpＨ九前後まで進化する。だから、地下水は一般に弱アルカリ性となる。

そのため、その地下水が温まった非火山性温泉では、弱アルカリ性〜アルカリ性泉が主体となる。あまり長旅を経験していない地下水なら、さほど岩石と反応せずに温められて温泉となるため、中性泉ができあがる。なので中性泉は、基本的には自宅のお風呂とあまり変わらない状況で、地球が加熱したか、ガスで加熱したかの違いに近い。

火山地帯には熱源があり、様々な地下水循環システムが構築されているため、火口周辺の酸性泉から、火山体周辺の中性泉およびアルカリ性泉に至る、様々な泉質を同時に楽しめる温泉地域も少なくない。

弱アルカリ性〜アルカリ性泉は、入浴中の皮膚のぬるぬる感がそのもっとも大きなセールスポイントだ。湯上がり後は、張りや艶のあるすべすべした肌になれることが人気の秘密。これは、弱アルカリ性〜アルカリ性泉が皮脂と反応して皮膚に石鹼成分が生成されることに由来する。

この石鹼成分が古くなった角質を効果的に除去してくれるおかげで、すべすべした赤ちゃんのような肌が得られる。そのため、アルカリ性泉は多くの地域で美白の湯として銘打たれている。

なぜ温泉水は老化を防ぐのか

温泉の性質や起源を語るうえで、温度やｐＨの他にも、温泉療養を左右する溶け込んだ成分とその量、そして老化防止に直結する温泉水の酸化還元電位などの専門的知識も理解できると、さらに温泉旅行が楽しめる。

温泉に入ってみると、温泉地によって皮膚のツッパリ感の違いを経験した人も多いことだろう。この皮膚のツッパリ感は、温泉に溶け込んでいる成分の量に関係しており、人の体液中に溶けている元素量（およそ一キロ中に八グラム）との差で違いが現れる。これは、溶けている元素濃度に応じて、温泉と皮膚との間に生じる浸透圧の変化に起因する。

体液に近い濃度の生理食塩水並みの温泉なら等張泉となり、高い場合は高張泉、そして低い場合が低張泉となる。

高張泉の場合は、濃度の低い体内から皮膚を通して水分が吸い上げられ、その代わり温泉の成分が体内に入りやすくなる。そして低張泉の場合はその逆。そのため高張泉は、デトックス効果が期待できるとの報告もあるが、真偽のほどは……そんな高張泉は、近代の海水や太古の化石海水が原料になっていることが多く、神秘性も兼ね備えている。

環境省は、治療目的に使える温泉を療養泉と位置付けており、溶存物質が一キロ中に一グラム以上含まれているか、あるいはさらに微量であっても環境省指定の特殊な元素（総鉄イオン、よう化物イオン、総硫黄、ラドンなど）が含まれている場合に適用している。

さらに温泉療養の観点から、単純温泉、塩化物泉、炭酸水素塩泉、硫酸塩泉、二酸化炭素泉、含鉄泉、酸性泉、含よう素泉、硫黄泉《いおうせん》、放射能泉と詳細に分類されている。

これらの名前は、深夜番組の温泉リポーターのウサギちゃんたちのプラカードに書かれていた単語群であり、昭和世代の人のなかには覚えている人も多いのではないだろうか。そして、当のリポーターも、視聴者の私たちも、何のことやらちんぷんかんぷんだったことだろう。

しかし、現代は環境省が「あんしん・あんぜんな温泉利用のいろは」というパンフレットをインターネット上で公開しているから、それぞれの温泉の効能を手軽に確認できる。

細分化されているすべての泉質で効能が認められる症状には、抹消循環障害、冷え性、高血圧（軽症）、耐糖能異常（糖尿病）、高コレステロール血症、胃腸機能低下、関節リウマチ、自律神経不安定症、不眠症、うつ症状、筋肉や関節の慢性的な痛みやこわばり、運動麻痺による筋肉のこわばり、喘息《ぜんそく》・肺気腫（軽症）、痔《じ》の痛みなどが挙げられている。当時ちんぷんかんぷんだった昭和世代の人々も、いまなら思い当たる節がいくつもある病名ではないだろうか。

万病に効くとまではいかないが、古くから湯治《とうじ》の文化が継承されているように、それなりの効能は万人が認めるところであろう。温泉のなかには、実証実験はまだのようだが、癌《がん》に効くと巷《ちまた》で噂《うわさ》されるところもあり、予約がなかなか取れないらしい。

医療費抑制も含めた経済効果は

次に温泉によるアンチエイジングあるいは若返りの話題を解説しよう。これに関連するのが、ほとんど日常生活ではお目にかからない温泉水の酸化還元電位という言葉がキーワードになる。

温泉水や地下水は、地中の帯水層を流れているため、大量の酸素を有する大気と隔絶された還元的環境が維持される。この還元的環境の反対が酸化的環境なのだ。大雑把《おおざっぱ》にいうと、生物の酸化現象は老化と密接に関わっており、活性酸素が悪さをするらしい。だから最近では、活性酸素の除去に還元水の利用が話題となっている。

長いあいだ地中を循環していた地下水や温泉水は、還元的な状況のまま地表に現れる。つまり、これらの水や温泉水は、天然の還元水なのである。

特に、大気との接触時間が短い源泉かけ流し温泉は、正に還元水風呂となる。一方、循環式や消毒薬の投入された温泉は酸化的環境に変貌しており、性質は大きく異なる。人間の皮膚は、還元的で弱酸性だから、源泉かけ流し温泉が皮膚の老化を抑えて若返りに貢献するとされている。

こんな話を聞いたあとに、源泉かけ流し温泉のパンフレットを眺めて、若々しい肌艶をした温泉旅館の大女将《おおおかみ》の写真でも見つけようものなら、一気にアンチエイジング効果を信じてしまいますよね。

既に超高齢社会に突入した日本にとって、このように温泉は、国民を健康な状態に保ってくれる自然の恵みそのもの。露天風呂の景観や温泉に付随した森林浴など、温泉に行くという行為自体が、ストレス軽減に大いに役立っているのだ。

そうしたことも加味すると、観光に伴う直接的な経済効果に加え、疾病《しっぺい》予防という意味における温泉の経済効果は計り知れない。医療費増加に頭を抱える日本ではあるが、もしも火山も活断層もなかったならば温泉も存在せず、さらなる国費の支出に頭を抱えていたのではなかろうか。

第三章　噴火がもたらす豊かな土壌

世界と勝負できる日本農業の実態

日本列島は地殻変動帯で、造山運動が盛んである。現在の造山運動は、約六〇〇〇万年前に始まった環太平洋火山帯の一部に、日本が含まれているからである。

活発な造山運動によって、国土のおよそ七割は山地からなり、多くは森林地帯だ。山地を主体とする日本は、急傾斜地が多く、農業には不向きな土地柄だと強調する学者も多い。たしかに身の回りの稲作や畑作が平地の多い平野や盆地に限定されているのを見れば、それも一目瞭然か。耕作地面積が限られている日本列島では、農業生産もたかが知れていると思いたくもなる。

実際、農林水産省の食料自給率という尺度から提示される数字を見れば、日本農業が世界農業に手も足も出ないような印象を受ける。しかしながら、世界における日本農業の実力は、必ずしも悪くない。農林水産省が予算ぶんどりのために考えついた「カロリー当たりの食料自給率」と違った観点から日本の農業生産を見直した場合、「世界第五位の農業大国」になるとの見方もできるらしい。

二〇一三年度の世界の「農業生産額」国別ランキングによると、日本は、中国、インド、アメリカ、インドネシア、ナイジェリア、ブラジル、ロシア、パキスタン、トルコに次いで第一〇位にランクインする。日本以外の中国、インドが広大な大地を有する、いわば豪邸農業であるのに対し、耕作面積の少ない日本農業は、さしずめ茶室農業といったところだろう。「まえがき」で述べた面積あたりGDPと同様に国土面積で割り算したら、日本農業は、それになりにいい線を行くと思う。私は、二番煎じがあまり好きではないから、賢明な読者に計算はお任せするとして、話を続けよう。

個別の農産品について詳しく見てみると、ほとんどの品目で中国は生産量が桁外《けたはず》れに大きく、一〇倍以上の差をつけての、ダントツの一位である。たとえば、米は第一位の中国（二億三〇〇〇万トン）に対して日本は二〇分の一程度の一一〇〇万トンを生産し、世界では第一〇位である。

たしかに多くの農産品で世界の生産量には太刀打《たちう》ちできないが、一部の野菜や果物では、驚いたことに世界の生産量の上位に食い込んでいる。

たとえば日本のネギ生産量は、二〇一三年度は約五五万トンで世界第二位を誇り、第一位の中国でも八三万トン程度だ。

また、キャベツ・白菜の二〇一三年度の生産量は、二三六万トンで世界第五位となり、アメリカの倍近くを生産している。栗（約二万トン）や生姜《しょうが》（約六万トン）も生産量では世界第八位なのだ。

さらに、お茶は八万五〇〇〇トンで世界第一〇位、キュウリは五八万トンで世界第一一位の生産量。疲弊《ひへい》しきった日本農業というよりも、狭い耕作地を効率よく活用して生産力を高めているのだ。日本農業の素晴らしさを再認識できる。

農業を成立させるうえでは、耕作地、水、気候の三条件が整って初めて、生産性を上げることが可能となる。そうした点において、日本列島は、水に関しては類稀《たぐいまれ》な好条件を備えている。その恩恵は、火山活動や地震活動が作り出しているのだ。

結論からいうと、耕作地もやはり、火山活動や活断層と密接に関係する。火山活動や活断層の存在によって耕作地が作り出され、そこに日本人の知恵を加味することで、生産性の高い農産品がいくつも生み出された。だからこそ、世界ランキングに名を連《つら》ねる農産品が出現しているのだ。

ここで、自然災害と農作品の密接な関連を概観してみよう。

活断層が作る肥沃な稲作地帯

山地を削り取って平地を作る浸食作用としては、豪雨などによる土砂災害（土石流、地滑り、深層崩壊）が挙げられる。土砂災害の一つである土石流は、山地から平地へ河川の傾斜角が急変する場所を頂点とする扇状地を、長い年月をかけて作り出す。

このとき、土石流中の大きな岩の塊《かたまり》や砂利《じゃり》は、扇状地の頂点付近に堆積し、残った砂や泥は、さらに河川を下り、平野部や三角州が発達する海岸部で堆積する。大雑把《おおざっぱ》には、堆積できる粒子の大きさと地面の傾斜角が対応する。このようなプロセスを経て、急峻な山地から、耕作可能な台地、丘陵、あるいは平野へと物質が受け渡され、ガイアによるお肌の手入れが行われる。

集中豪雨などによって土石流が発生した下流部や急激に泥水が発生した大型河川では、流水が河川の持つ排出可能の水量（氾濫危険水位）を超え、土手や堤防をも超えて、平野部に流れ込む。そこにできる浸水地帯が、氾濫原《はんらんげん》と呼ばれる。

この平野部に流れ込んだ泥水は、ゆっくりと細粒物質（細粒砂や泥を主体に植物片も含まれる）を沈殿させ氾濫原堆積物となる。集中豪雨等で堤防が決壊したあと、水害の後片付けをしているときに映し出される泥まみれの状態が、まさに氾濫原堆積物の実態である。

この氾濫原堆積物は様々な有機物を含むので、我々にとって肥沃な土壌となる。逆にいえば、肥沃な水稲地域は、洪水多発地帯という過去を物語っている。

だから水稲は、主に平野部や盆地といった平らな地面で栽培されるのだ。もっとも、山間部の棚田《たなだ》のような斜面でも水稲ができないわけではないが、生産量には限界がある。生産効率を上げるためには、やはり広大な平野や盆地は欠かせない。

既に述べたように、地殻変動によって山地（隆起地形）が形成される日本列島において、平らな大地を作り出すためには、急速な山地の浸食と、それらの堆積物を溜める器（堆積盆）がどうしても必要だ。

大陸地域のように広大とまではいかないが、日本にも多くの平野や盆地が存在する。こうした平野や盆地は、氷期終了後から現在に至るまでの約一万年のあいだに、海水面上昇に伴って形成された堆積物（沖積層）や、氷期の海面低下に伴って形成された一万年よりも古い時代の洪積段丘によって満たされている。

ところで、堆積物が満たされている平野や盆地の形がアメーバ状ではなく、極めて直線的な境界によって山地と隔てられた多角形であることに、皆さんはお気付きだろうか？平野や盆地の形など、普段ほとんど意識したことはないと思うが、地形図やグーグルアースを使ってそれらの形をよく見てもらいたい。意外と多くの平野や盆地と山地とのあいだに、急激な地形の変化を伴った、明瞭な直線的境界線があることに気が付くはずだ。

特にグーグルアースなら、山間部の森林地帯を示す濃いグリーンと、丘陵や平野の畑地帯の薄いグリーン、あるいは住宅地のグレーの部分が、直線的な境界によって隔てられている様子が手に取るように分かるはずだ。

つまり、最初に与えられた器に堆積物が満たされていくのではなく、堆積作用と同時に山地の反対側に窪地が形成されるシステムの存在を物語っている。そのような自然の営力が、活断層に伴われた地盤の継続的な沈降過程なのである。

「水は低きに流る」の諺《ことわざ》ではないが、当然、河川は低いほうに流れていく。その低い地域を断層運動の沈降過程が作り出しているわけだから、平野誕生に対する陰の支配者として活断層が暗躍していることがお分かりいただけよう。

断層運動のスタイルによって、河川は東西南北の様々な方向へ曲げられて行く。突然、河川が方向転換するところは、ほぼ断層が裏で糸を引いている。

そんな断層運動のいいなりになっている河川は、植物やプランクトンの成長にとって重要な栄養塩類を定常的に運ぶキャリアーであり、平野部や河口周辺地帯には栄養分に富む土地が形成される。

地表域では様々な栄養塩類とともに有機物も供給され、肥沃な大地が形成される。また、海岸付近の一部では、土砂が溜まるよりも早く沈降してしまう場所もあり、そういったところでは、三角州が発達せず、海面下の浅海底《せんかいてい》が堆積の場となる。そのため、浅海に加えられた栄養塩類豊かな河川水がプランクトンを養い、それらが魚介類の楽園をもたらすといった食物網が構築される。

陸上であれ海上であれ、河川を通して供給される栄養塩類は、プランクトンを含む動植物の繁栄を促進し、結果として当該地域では有機物の生産が盛んに行われる。これらの豊富な有機物は、堆積物となって地層中に随時供給され、長い年月を経た断層運動に伴って地下深部に持ち込まれる場合も少なくない。

これら地下深部に持ち込まれた有機物は、次第に分解が進み、原油やメタンガスの原料に変化したあと、地下水に混じる。私たちは、それをエネルギー資源として油田や水溶性ガス田として活用しているのだから、ガイアの配慮には頭が下がる。このようなエネルギー資源にまつわる地下プロセスの話は、第四章で詳しく解説する。

柏崎刈羽原発近くの活断層の危険

活断層の僕《しもべ》である河川の生《お》い立《た》ちと平野の関係をイメージできただろうか。ここでは、さらにそのイメージを明瞭にするべく、具体例に沿ってお話ししよう。

日本の三大河川といえば、信濃川《しなのがわ》（三六七キロ）、利根川（三二二キロ）、石狩川（二六八キロ）なのは、小学生でも知っていることだろう。これらの河川には、それぞれ日本の平野を代表する新潟平野、関東平野、石狩平野が付随している（図表3）。いずれも大事な日本の農業生産地帯である。ここでは稲作地帯と活断層の関連について、具体例を使って、北から順番に概観する。

図表3　日本列島の主な平野と活断層の位置関係

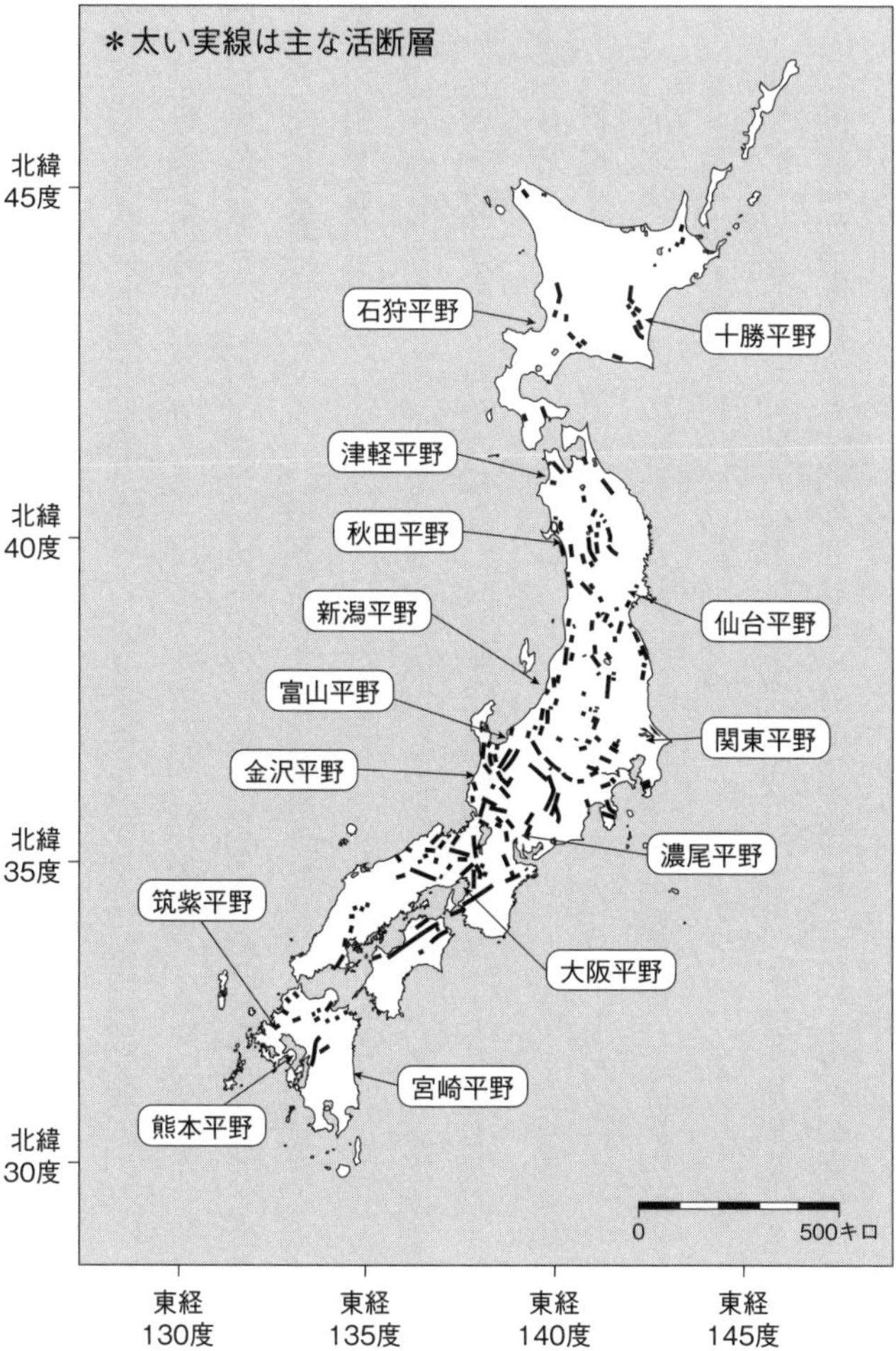

北海道の石狩平野の東側における直線的な境界部は、石狩低地東縁断層帯という活断層として認識されており、岩見沢《いわみざわ》、栗沢《くりさわ》、馬追《うまおい》といったそれぞれの丘陵地帯から地形的に明瞭に区別できる。具体的な活断層名はまだのようであるが、平野の西部や北部においても、隣接する山地地形と直線的な境界によって隔てられている。

断層運動に伴って、石狩平野は、第四紀の間に五〇〇〜一〇〇〇メートルも沈降した構造盆地としての平野である。この沈降過程によって低地が維持され、山間部からもたらされた土砂が平野を維持している。

現在のみならず、日本列島がユーラシア大陸から切り離されて日本海が形成された一五〇〇万年前から現在までのあいだに、石狩平野では約四〇〇〇メートルにも及ぶ沈降過程が確認されている。

一方、新潟平野は、北北東方向に伸びた長方形が二つ組み合わさったような形をしている。この北北東に伸びを持つ地理学的特徴は、新潟平野の南に隣接する柏崎《かしわざき》平野、十日町《とおかまち》盆地、魚沼《うおぬま》盆地に共通した特徴である。

新潟平野の東縁部は特に明瞭な直線的境界部を有しており、北部の境界線は櫛形《くしがた》山脈断層帯や月岡断層帯が活断層として認定されている。南部では、長岡平野西縁断層帯や、二〇〇四年に史上二度目となる震度七を記録した新潟県中越地震の原因断層である十日町断層帯の北方延長部が、平野と丘陵の境界を縁取る。

新潟平野のさらに西では、沖合に、同じく北北東に伸びを示す活断層が多数確認されており、一九六四年に発生したマグニチュード七・五の新潟地震や、二〇〇七年に発生したマグニチュード六・八の新潟中越沖地震を起こしている。それらは青森県、秋田県、山形県に存在する活断層とともに日本海東縁断層帯と呼ばれ、マグニチュード七前後の地震が頻発する「地震の巣」ともいえる地域だ。

平野の生い立ちからは少し脱線してしまうが、柏崎刈羽《かしわざきかりわ》原発の存在する柏崎平野は、正にこの沿岸海域活断層と長岡平野西縁断層帯に挟まれた地域に存在する。しかも、二〇〇七年に発生した新潟中越沖地震の余震域は真っすぐ原子力発電所の地下を目がけて南西に並び、その距離は、たったの一五キロ……これは、いつ原子力発電所直下が震源となってもおかしくない状況だ。

二〇〇七年は、たまたま北東にマグニチュード六・八の本震震源がズレてくれたからいいようなものだが、一歩間違えたら、福島原発より先にメルトダウンしていたかもしれない。そんな切迫した危険性をデータから感じるのは、私だけではないはずだ。

エネルギー確保の観点から原子力発電の安全利用も致し方ないと思うこともあるが、こと柏崎刈羽原発に関しては、どう贔屓《ひいき》目に見ても、地質学的に「アウト」という結論に達する。しかも、既に二〇〇七年の地震で施設が被災している前科者だ。

さらに、東南海地震と同様、そこの活断層は逆断層型であり、津波が発生する危険性も高い。極めつけは、北部に連なる日本海東縁断層帯での地震の発生頻度や規模を勘案すると、危険度は東南海地震をはるかにしのぐ歴史を持っている。それなのに、「地震の専門家」が東南海地震のように声を荒らげず、「原発ムラ」の御用学者よろしく擁護あるいは見て見ぬふりをしているのは解せない。

このように、活断層に縁取られた新潟平野も、第四紀に五〇〇〇～一〇〇〇〇メートル沈降した構造盆地だ。そして、ユーラシア大陸から分離した一五〇〇〇万年前から、約三〇〇〇メートルも沈降している。日本のなかでも極めて地質学上、活動的な土地柄なのだ。

平地と山地のあいだには活断層が

関東平野も、他の平野と同様、沈降過程によって形成された。北西部の足尾山地の南西縁に沿うような形で、関東平野北西縁断層帯が存在し、北西―南東方向に伸びを持つ。その断層帯の南東延長線は、荒川断層、綾瀬川断層、そして東京湾北縁断層へと連続する。

しかしこれらは、地表に現れた活断層であって、関東平野の形成に関わるもっとも重要な断層群は、平野の堆積物に覆われていたり、宅地造成等で地表の証拠がかき消されたりして、地下に埋もれた活断層（伏在断層）として息を潜めている。そして関東平野では、活断層や伏在断層によって地下に沈降地帯が形成され続けており、超巨大な下水のU字溝のような地溝状凹地が横たわっている。

近年、関東平野の地下にある地質構造の理解のために実施された、様々な物理探査（重力探査、地磁気探査、ボーリング探査）は、日本海が形成された約一五〇〇万年前から沈降が開始したことを明らかにした。関東平野の地下深部には、もっとも深いところで四〇〇〇メートルにも達する沈降過程が認められる。

深部に達するU字溝状の地形には、以下の三つが認められた。

①関東山地と足尾山地のあいだに横たわる西北西―東南東に伸びを示す深さ約四〇〇〇メートル、幅約三〇キロに達する地溝状凹地。②足尾山地、関東山地、そして丹沢《たんざわ》山地の東縁を一つの境界として、筑波《つくば》山と三浦半島の西縁をもう一つの境界とする北北東―南南西に伸びを持つ、最大沈降量四〇〇〇メートル、幅約三〇キロの地溝状凹地。そして、③関東山地と筑波山地の東縁から東南東に伸びを持つ凹地で、北限は東京湾の北限と一致し、南限は三浦半島や嶺岡《みねおか》山地と平野部の境界を結ぶ直線上に相当する場所。この地溝の最深部は、四〇〇〇メートル前後に達し、幅は五〇キロ近くになる。

このように、関東平野もまた、日本海の拡大における構造運動と密接に関連して形成されている。

日本海側の平野と異なり、関東平野では、栄養分に乏しくかつ水はけが良過ぎる洪積世の堆積物や関東ローム層に広く覆われているため、水稲に適さない地域が広がっている。さらに宅地化が進み、水稲による農業生産は必ずしも多くない。そのため、関東平野における主な水稲地は、北関東や利根川下流域が中心となる。

東日本の平野のみならず、西日本の平野や中部地方の盆地なども、明瞭な地形的境界線によって、平地あるいは盆地と山地が隔てられ、そこには活断層が存在している状況に変わりはない。

大阪平野は、東部を生駒《いこま》断層帯によって縁取《ふちど》られ、西部を上町《うえまち》断層帯によって南北に貫かれている。大阪平野北部は、有馬—高槻断層帯と上町断層帯および生駒断層帯がそれぞれ交わり、四角い堆積盆を形成している。

大阪平野の第四紀における沈降量は五〇〇～一〇〇〇メートルと見積もられている。沈降過程によって構造盆地が形成され、淀川《よどがわ》から流れ込んだ細粒堆積物が沖積層となって堆積し、水稲に適した土地を作り上げた。

現在は、平野の多くが宅地や工業用地として活用されているものの、大阪平野は弥生《やよい》時代には水稲耕作が盛んであった。大阪平野の周辺には、弥生時代の鬼虎川《きとらがわ》遺跡、亀井遺跡、東奈良遺跡などの環濠《かんごう》集落と水稲耕作跡が発見されている。

これらの平野群と同じように、日本各地の平野や盆地は、地殻変動に伴った断層運動によって沈降した部分が堆積盆となり、肥沃な泥質分が氾濫原として堆積し、水稲耕地に適する条件を用意している。

さらに、沈降によって形成された堆積盆であることから、比較的荒い砂層や礫《れき》層は帯水層として地下深くに存在することも多く、地下水盆も同時に形成される。そのため、河川を農業用の水源として活用できるうえに、豊富な地下水までも活用できる地域となる。

このように、平野や盆地における農業は、断層運動によって生み出された生産システムであるとみなすことも可能だ。

火山噴火が命を吹き込む耕作地

火山と聞けば、円錐形《えんすいけい》を思い浮かべるだろう。富士山を見たら分かるように、中心部は非常に急峻《きゅうしゅん》であるが、裾野《すその》はそれほどでもない。これは、火山体中心部が溶岩や吹き上げられた溶岩片が降り積もってできた硬い岩石で構築されているのに対し、山麓《さんろく》部は溶岩が粉々に砕けた岩片や宙を舞った細粒の火山灰など崩れやすい物質から成るからだ。

このような特徴は、沈み込み帯の島弧や陸弧の火山が、ハワイの火山とは違って、火山ガスに富む安山岩〜流紋岩質マグマを主体としているためだ。これらのマグマは、地表に到達し減圧されると、一気に大量の火山ガスを分離し、それに伴って体積膨張する。そして、溶岩の粘り気に打ち勝つ力が蓄えられると爆発に至る。

この現象を分かりやすく理解するには、夏の暑い日に少し温まったビール瓶の栓《せん》を抜いたときに泡だらけになることを思い出せばよい。つまり、ビール瓶の栓によって抑圧されているビール中の加圧炭酸ガスが、開栓によって一気に解放され、ビールの泡となって容器から勢いよく溢《あふ》れ出すのと同じなのだ。

ただし、日本のマグマ自体は粘り気が強く、ビールのようにサラサラではない。そのため、火山ガスに対する抑圧も強力で高い限界点を超えるため、爆発に至ってしまう。爆発的噴火はマグマを粉々にし、大小様々な溶岩片や多量の火山灰を空高く放出し、広い範囲を噴出物で覆う。

そんな大小様々な溶岩片と火山灰、そして高温の火山ガスが一団となって斜面を流れ下れば、雲仙普賢岳《うんぜんふげんだけ》噴火のような火砕流となる。

火砕流は高温であるため、周囲の空気を巻き込み、斜面とのあいだにエアークッションができる。それによって地面との摩擦が極端に小さくなり、流下速度は時速一〇〇キロに達する場合もざら。遭遇したらとても逃げきれない。

このような火砕流のドライビングフォースは基本的に重力で、谷底の低地に沿って流れ下る。そして、ある程度減速した時点で、流れ下ってきた火砕流は谷を埋め立てる。つまり、流路として活用された山地の大きな起伏は、火砕流堆積物によって、緩斜面化する。

爆発的な噴火によって斜面に降り積もった不安定な溶岩片や火山灰は、雨などによって容易に土石流となって山麓を流れ下る。噴火直後は、これら不安定な物質が急斜面に供給されているため、土砂災害などの二次災害の危険性が増す。言い換えるならば、非火山地帯の扇状地よりも、高頻度で土石流や泥流が発生するため、扇状地が短期間で形成されてしまうことを意味する。

これらのプロセスを地形構築の観点から眺めると、火砕流にせよ、土石流にせよ、いずれも大きな起伏を是正《ぜせい》し、緩斜面の構築を促進しており、緩やかな火山の裾野の大部分は、これらの堆積物によってもたらされる。

火山体は、地質現象の時間スケールにおいて、山地としての成長速度が極めて速い特殊な場所である。その速度は、地盤の隆起運動とは比べ物にならないくらい急速なので、急傾斜の山地ができあがる。しかし、日本のような多雨気候では、急激に成長した不安定地形では、その分、浸食作用も大きく働く。

特に、花崗岩や変成岩といった基盤を構成する岩盤と違って、大部分が熔岩片や火山灰からなる脆弱《ぜいじゃく》な火山体は、浸食作用によって容易に形を変える。

それは、一枚岩のように見える溶岩であっても例外ではない。溶岩は、噴火時に摂氏一〇〇〇度近い状況から常温の二〇度程度に急冷されるため、多くの割れ目が溶岩内部に発達し、その割れ目から崩れやすくなっている。そのうえ、多量に存在するマグマ中の火山ガスが、地表付近の減圧によって発泡した部分を作り出す。この流体の発泡現象が著しく発達した岩塊が軽石であり、素手でも容易に破壊できるほど脆弱である。

噴火によって放出された火山灰は風下側にその分布地域が広がる。日本列島の上空には偏西風が卓越風として吹いているため、大規模な噴火では、上空高くに舞い上げられた多量の火山灰は、給源である火口から遠くはなれた東の地域にも降り積もる。阿蘇カルデラが発生した約九万年前の大噴火では、火山灰が偏西風に乗って北海道まで流され、厚さ一五センチの火山灰層を形成した。

このようにして、火山の持つ地質学的背景を頭に入れてみると、火山活動と農業生産との因果関係が見えてくる。

火山が作り出す緩斜面を耕作地に

火山活動と農業資源における重要な関連性は、火山が緩斜面の形成の場であることと、耕作可能な土壌の母材を提供できることにある。まずは、緩斜面形成の場としての火山の役割を説明する。

耕作地としては、急傾斜地や起伏の大きな斜面が不向きであることは容易に想像できよう。火山の噴出物のなかでも、玄武岩質溶岩流は比較的粘性が低く、起伏の小さな平坦面を容易に作り得る。富士山の青木ヶ原が正にイメージにぴったり当てはまるが、溶岩が平坦面を構築するのは、むしろ日本では例外的である。

一方、火山灰を主体とした粉体と溶岩塊《ようがんかい》から成る火砕流堆積物も粘性が小さく、谷間を埋めるようにして流下する。そのため、耕作地として利用可能な緩斜面を作り出せる。

そんな火砕流堆積物が作り出す緩斜面の典型的な例として、火山性高原である群馬県の嬬《つま》恋《ごい》高原（吾妻《あがつま》郡嬬恋村）や浅間山の北麓《ほくろく》に発達する六里ヶ原（嬬恋村・長野原町）、そして南西麓に発達する台地を挙げることができる。さらに広大な地域を緩斜面にしてしまう噴火には、阿蘇カルデラや屈斜路カルデラのような超巨大カルデラ噴火を挙げることができよう。

しかし、これら溶岩流や火砕流堆積物によって緩斜面ができ上がったとしても、ある程度の厚みを持った土壌がなければ、当然、耕作地にはなれない。

火山体の侵食過程で作り出される火山麓扇状地は、円錐形の火山体山頂から放射状に発達する水系に沿って、それぞれ扇状に広がる緩斜面として発展する。しかも、非火山性の扇状地と大きく異なる点は、侵食過程で岩盤を破壊しなくても、土石流堆積物の材料となる岩塊や火山砂、あるいは火山灰が既に存在し、供給量も圧倒的に多いことだ。加えて火山体の成長につれて材料の供給量が増すため、火山麓扇状地の発達は加速される。

そのような過程を経て構築された広大な火山麓扇状地の例としては、群馬県の赤城山周辺の利根郡昭和村、沼田市、渋川市、前橋市、桐生《きりゅう》市、そしてみどり市にまたがる裾野の領域がある。同県の榛名《はるな》山では、吾妻郡東吾妻町、高崎市、北群馬郡榛東《しんとう》村といった広い範囲が火山麓扇状地である。

火山麓扇状地は基本的に土石流堆積物と同じであることから、隙間が多く、水はけが良い。逆に、これらの地層が非透水性の基盤岩類と接すれば、水持ちのよい帯水層に早変わりだ。つまり火山麓扇状地は、地下水の豊富な地域となるのだ。

火山性高原を作る溶岩台地、火砕流堆積物、火山麓扇状地は、いずれも地形学的な緩斜面（斜度五度未満）を構築できるが、農耕地となるためには土壌が必要だ。火山麓扇状地の形成に関与する泥流堆積物は、ある程度の土壌を供給できる。が、主体が砂や小礫《しょうれき》の土石流堆積物であるため、土壌の発達はさほど良くない。

しかし火山には、こうした耕作地に適さない粗い堆積物を覆う細粒物資が用意されている。それが火山灰である。

火山灰は、直径二ミリ以下の物質で、砂や泥に近い粒径を有しているので、耕すことも容易だ。しかも山麓部では、火口周辺よりもより細粒な火山灰が厚く堆積する。火山麓扇状地や火山高原に降り積もった火山灰が、もしも農業活動に適する土壌であったなら、広大な耕作地が火山によってもたらされたことになる。

果たして火山灰土壌は、耕作に向くのだろうか？

役に立たなかった黒ボク土とは

火山灰を母材とする土壌は黒《くろ》ボク土《ど》と呼ばれており、日本列島に広く分布する（103ページの図表4）。火山近傍の広範囲にわたって、黒ボク土が分布する様子が確認できる。

黒ボク土は土壌が黒く、その上を歩くとボクボクすることからこの名が付けられたといわれる。名前の由来にもなった「黒」は、土壌中に多量に存在する腐植（土壌有機物）の色が原因だ。国内の他の土壌と比べても、腐植含有量がずば抜けて高いばかりか、世界中の土壌と比べても有機物量は高い。

日本中に分布する火山周辺の溶岩台地、火砕流台地、火山麓扇状地には、爆発的な噴火に伴って放出された火山灰が厚く堆積し、時を経て、黒ボク土となったのだ。

この黒ボク土は、適度にやわらかく耕しやすい土壌なので、植物の根も伸び伸びと成長できる。また、土壌を構成する固相（土）、気相（空気）、液相（水）の割合も良く、通気性や透水性も抜群《ばつぐん》で、しかも保水力がある。

土壌中の気相がどうして作物の生育に関係あるのか？　と思う人もいるだろう。それは、作物の根が成長するためには十分な酸素が必要であることや、土壌中の酸化還元状態をコントロールする役割を担うこと、さらには土壌中微生物の活動にとっても空気が重要であることと関係があるからなのだ。

このように物理的性質だけを見ると、黒ボク土は畑の土壌として申し分ない。しかし、通気性や透水性が良いことから、逆に黒ボク土が水稲に不向きであることも分かる。

土壌に要求される物理的条件のほかに、農作物を育てるうえでは化学的条件も重要だ。たとえば植物の生育において、窒素（窒素酸化物やアンモニアイオン）、燐酸《りんさん》、カリウムが三大栄養素として不可欠であることは常識だろう。これらの肥料成分を土壌が保持（保肥力）しつつ、植物の根に与えることができなければ、生産力の向上は望めない。

また、保肥力は土壌中のｐＨにも大きく依存する。化学組成のバランスを独立的に成立させることはできないのだ。

結論からいうと黒ボク土の保肥力はかなり低く、そのままでは農作物の生育にまったく向

図表4 黒ボク土と火山の分布

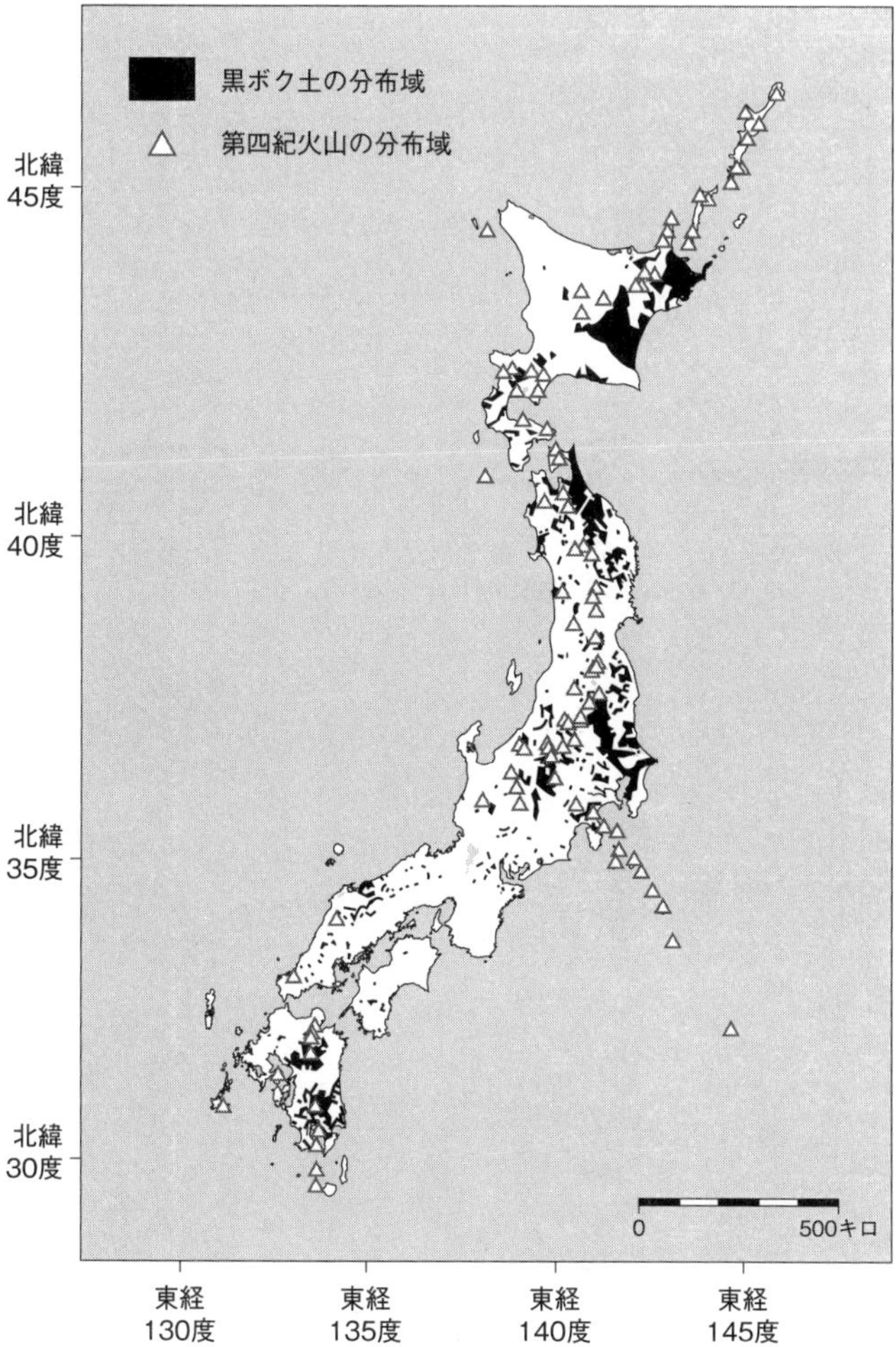

かない。それは、母材である火山灰が土壌化する際の風化過程が問題なのだ。

火山灰の主要な部分は、火山ガラスである。火山ガラスは元素が規則正しく並んでいる結晶ではなく、ばらばらに存在する非晶質であるため、物理的な状態としては準安定的で、分解されやすい。それゆえ物理・化学的反応に際して、より安定的な状態である結晶へと移行する。そのため、砂層や花崗岩などの結晶だけからなる岩石に比べ、火山灰層の土壌化は、数万年程度ときわめて早い。

降雨や地下水の浸透によって、弱酸性溶液にさらされた火山灰層中の火山ガラスが部分的に溶け始める。この変化に伴って、火山ガラス中のナトリウム、カリウム、カルシュウム、そしてマグネシュウムが少しずつ溶け出す。火山ガラスは分解すると同時に、粘土準鉱物であるアロフェン（アルミニュウムケイ酸塩）という物質に変化し、火山灰層の土壌化が進行する。土壌中からナトリウムなどの陽イオンが溶け出してしまっているため、腐植の影響によって全体は酸性化する。

土壌中では、火山ガラスの分解に伴って、アロフェンとともにアルミニュウムイオン（活性化したアルミニュウム）が作り出される。この活性アルミニュウムが腐植と強く結びついて、腐植の分解を妨げる。これが、黒ボク土が黒い理由の根本原因となる。

さらに、この活性アルミニュウムとアロフェンは、燐酸とも強く結合する。強く結合された燐酸を、植物の根が吸収できなくなってしまう。そのため黒ボク土では、植物の燐酸欠乏症を発症し、生育を大きく阻害してしまう。

このように黒ボク土は、栄養塩類を保持あるいは植物に供給することができず、戦前までは耕作地としてまったく役に立たない不毛の土壌とされていた。そのため、第二次世界大戦以前には、黒ボク土が厚く堆積する人里はなれた火山麓地帯は、利用価値のない荒れ地として放置されていたのだ。

加えて火山地帯は標高が高く、平地に比べ寒冷地気候でもあったため、農作業にはとことん向かない地域だった。そんな痩せた土壌である黒ボク土が厚く堆積した地域では、ササやススキが生長するのがやっとで、それらが枯れて有機物となり土壌を黒くした。

火山の緩斜面で野菜が穫れる理由

しかし、そんな黒ボク土に転機が訪れたのは、一九四五年一一月九日に閣議決定された「緊急開拓事業実施要領」からだ。この事業では、戦後の混乱期にある日本の食料増産や復員兵の雇用確保、海外引き揚げ者の帰農支援等を目標に、不毛の地とされていた黒ボク土に覆われた広大な火山麓地域が開発地に指定された。

この国家事業は、一九四七年には「開拓事業実施要領」に受け継がれ、その後一九五八年からは農地の開発が進められ、火山麓地域が急速に耕作地や居住地として拡大した。

農地開発の成功の陰には、戦後、安価になって入手が容易となった肥料の存在が挙げられる。化学肥料の導入や石灰による酸性度の中和など、黒ボク土を土壌改良することで、不毛の大地から生産性豊かな高原畑作地へと徐々に変貌した。

さらに時代は進み、一九六〇年代には、農業基本法の成立（一九六一年）や野菜指定産地制度（一九六六年）が始まり、火山麓の緩斜面は野菜生産畑として発展をする。野菜指定産地制度は都市部に野菜を安定供給できるようにする仕組みであり、関東周辺の火山麓地帯がこぞって認定を受けるようになる。結果、黒ボク土の火山麓は、高冷地野菜畑として、さらなる発展を遂げることになった。

こうして関東北部の火山麓地域は、夏季を中心に都市部への野菜供給の要《かなめ》として成長する。大消費地である東京近郊の火山麓では、涼しい気候を生かして高冷地野菜の生産を積極的に進めた。

高冷地野菜には、キャベツ、レタス、ハクサイ、セロリー、ダイコンなどがある。これらの高冷地野菜は、低暖地産の野菜の出荷時期とずれることから、商品価値が高くなる。黒ボク土に覆われていたため、これまで未利用のまま残されていた広大な火山高原（溶岩台地、火砕流台地、火山麓扇状地）が、大規模な野菜の産地として生まれ変わったのだ。

当初は、幹線道路の発達した近くの火山麓だけが開発の主体となったが、交通網の発達に伴って高冷地野菜を育てる地域が国内に拡大したことは、想像に難くない。現在、日本における畑土壌のなかで、黒ボク土の占める割合は、およそ四七％に達する。つまり現代では、黒ボク土は、畑作地として重要な位置を占めるのだ。このように黒ボク土の歴史的背景を知ると、なぜキャベツとハクサイの生産量が世界第五位なのか分かると思う。

火山災害が我々に与えてくれた緩斜面（溶岩台地、火砕流台地、火山麓扇状地）とそれを覆う厚い黒ボク土（火山灰）は、日本農業のなかで、畑作や果樹園において重要な役割を担っているのだ。

火山の麓で酪農業が盛んなわけ

最近は、乳製品が品薄となってバターがマーケットから消えてしまう、というニュースをよく耳にする。乳製品を作り出すには、当然のことながら、乳用牛の飼育地が必要となる。緑一面の大草原に放牧されている白黒まだらのホルスタインが、のんびりと寝そべって草を食《は》む光景を、だれもが思い浮かべるだろう。

そんな景色の象徴として、北海道東部の原野、岩手県の岩手山麓の小岩井農場、あるいは那須高原を思い出す人も多いのではないだろうか。

牧畜には、乳用牛の他に肉牛の飼育もある。私なら、阿蘇外輪山周辺の広大な大地に放牧されている阿蘇あか牛（阿蘇で飼育されている褐毛和種《あかげわしゅ》）の景色に親しみを持っている。鹿児島の離島や沖縄などでは、真黒な黒毛和牛もよく見かける。黒毛和牛の闘牛も、それらの地域では盛んだ。景色よりも、国産黒毛和牛というフレーズに生唾《なまつば》を飲み込む日本人も、かなり多いのではないだろうか。

牛肉にせよ牛乳にせよ、現代食生活において、放牧されているこれら牛がかなりのウエイトを占めていることに異論はないだろう。

農林水産省が報告している平成二七年度畜産統計によれば、全国で肉用牛は約二五〇万頭飼育されており、上位一〇県で全体の約六七%に達する。牛乳や焼き肉と聞いてイメージする場所は、図表5から見つけ出せると思う。生産性の大小は、往々にして産地の持つ「地の利」が関連し、上位県にはそれなりの理由がある。

そもそも和牛は、黒毛和種、褐毛和種、無角和種、そして日本短角種の四種からなる。しかし、それら四種が日本固有種というわけではなく、様々な交配の末に生まれた品種である。

その内訳は、全体に対して黒毛和種が九七・〇%、阿蘇のあか牛に代表される褐毛和種は一・三%、そしてそれ以外の肉用牛（交雑種を含む）が一・七%である。といったわけで、

図表5　牛飼育頭数の県別ベストテン

	肉用牛飼育頭数		黒毛和牛		乳用牛	
	全国	248万9000	全国	161万2000	全国	137万1000
1位	北海道	50万5200	鹿児島	30万5200	北海道	79万2400
2位	鹿児島	32万3400	宮崎	21万4200	栃木	5万3500
3位	宮崎	24万9000	北海道	16万0800	熊本	4万4500
4位	熊本	12万5000	熊本	7万3200	岩手	4万4300
5位	岩手	8万8500	沖縄	6万9200	群馬	3万7300
6位	栃木	8万2700	岩手	6万9000	千葉	3万3000
7位	宮城	8万0800	宮城	6万7300	愛知	2万7200
8位	長崎	7万5200	長崎	6万2300	茨城	2万5500
9位	沖縄	7万0300	佐賀	5万1400	宮城	2万0400
10位	群馬	5万7700	栃木	4万1000	長野	1万6600

＊出所：平成27年度畜産統計

和牛といえばほぼ黒毛和牛となり、産地名を冠したブランド化を推し進めないと差別化ができない。スーパーの精肉パックに黒毛和牛と銘打っていても、単なる和牛とあまり変わらないのだ。

黒毛和牛の主な生産地は、鹿児島県、宮崎県、北海道、熊本県、そして沖縄県の五地域となり、うち四地域が日本の南側である九州・沖縄に集中し、一大産地であることが分かる。黒毛和牛は関西の特産品のようなイメージがあるが、むしろ日本列島の両サイドで全体の半分を生産しているのに驚かされる。

和牛シェアの一・三％しかない褐毛和種についても見てみよう。褐毛和種に関しては、熊本県がダントツの一位で一万四〇〇〇頭を飼養し、全体の七〇％を占める。その他には北海道で約三〇〇〇頭、高知で約二〇〇〇頭が飼養されている程度で、あとの地域では一〇〇〇頭にも満たない。これは褐毛和種として阿蘇のあか牛を品種改良してきた歴史が反映されている。

次に乳用牛について見てみよう。北海道が一位なのは、まったく異論がないと思う。岩手県も岩手山麓の小岩井農場が有名だから、なんとなく理解できる。

しかし、黒毛和牛の飼養数に見られる県別順位と乳用牛のそれでは、かなりの部分で違いが認められた。これは、放牧する牛の種類による特性として説明可能だ。

つまり、乳用牛であるホルスタイン種はオランダ北部地方が原産地であり、北アメリカやカナダといった涼しい環境で品種改良されたため、寒さには比較的強い。しかし、その半面、暑さに弱く、高温で多湿な環境下では、暑熱によるストレスを受けやすい。だから、北海道や東日本の山間部が上位県に名前を連ねる。

熊本県は一見、暑い地域に思えるが、放牧の主体となる阿蘇高原の年間平均気温は摂氏一五度程度と、比較的涼しい。だから、畜産業の盛んな九州と沖縄において、熊本県だけが乳用牛部門で三位に入っているのだ。

巨大火砕流台地を放牧の楽園に

それでは、このあたりで牛の飼養数と自然災害との関連について、種明かしをしようと思う。

家畜のなかでは、豚や鶏と違って、牛は飼育のために広大な大地が必要となる。それは放牧用の土地であったり、飼料採取用の草地《そうち》であったりする。

牧草地は、畑と違ってそれほど平らである必要はない。ましてや放牧地なら、傾斜がある程度（たとえば五度以上）あったとしても、完璧な山地でない限り、利用可能なのだ。

高冷地野菜のところで説明したように、かつて黒ボク土は農業に向かない不毛の土壌というレッテルが貼られていた。人々は利用価値を見出せず、戦前までは広大な未開の大地が手付かずのまま残されていた。ところが国策の後押しによって、火山麓に広がる比較的低い緩斜面は畑として活用され、それよりも標高が高くかつ傾斜のやや大きな斜面が、牧草地や放牧地として活用され始めた。

一九五四年には、「酪農及び肉用牛生産の振興に関する法律」が制定され、酪農および肉用牛生産の近代化が積極的に図られた。その法律では集約的酪農地域の指定を行い、牧草地形成を国指導で積極的に行ってきた。

指定地域には、北海道、東北地方、北関東、中部地方、阿蘇地方、霧島地方が早い時期から含まれており、一九五九年までには全国で八〇ヵ所に上った（113ページの図表6）。つまり、それは土地改良を施して利用可能となる広大な台地、あるいは火山麓に他ならない。

特に、大規模なカルデラ火山を伴うような地域では、開発可能な土地が膨大に、手付かずのまま残されていたのである。

歴史的な背景や地質学的な背景を考えると、酪農の盛んな地域や肉用牛飼育の盛んな地域の必然性が浮き彫りとなる。

つまり、一位の北海道ならば、寒冷な気候を有しているうえに、広範囲にわたって不毛な火山斜面が広がっているとみなせる。いうならば、十勝岳《とかちだけ》や大雪山《たいせつざん》のほか、洞爺カルデラ、支笏《しこつ》カルデラ、摩周カルデラ、阿寒カルデラ、そして屈斜路《くっしゃろ》カルデラなど、大規模なカルデラ火山の噴火によって牧畜天国・北海道が出現したといっても過言ではない。

鹿児島県にしても、状況は北海道と変わらない。すなわち霧島山を有する加久藤カルデラ、桜島を有する姶良カルデラ、開聞岳《かいもんだけ》や指宿《いぶすき》火山群を有する阿多カルデラといった巨大カルデラ噴火がもたらしたシラス台地や、トカラ列島、十島《としま》村などの火山島群が、牧畜に最適な立地条件をもたらしたとみなされる。

宮崎県は、鹿児島県の東隣りに位置するため、県西部を広く覆うシラス台地や霧島山群が重要な役割を果たしたことはいうまでもない。

熊本県には、四回にわたって大量の火山噴出物を放出した阿蘇カルデラが存在し、県中部から北部にかけて標高四〇〇〜九〇〇メートルの広大な火砕流台地が作られている。火砕流

図表6 火山地帯に集中する集約的酪農地域

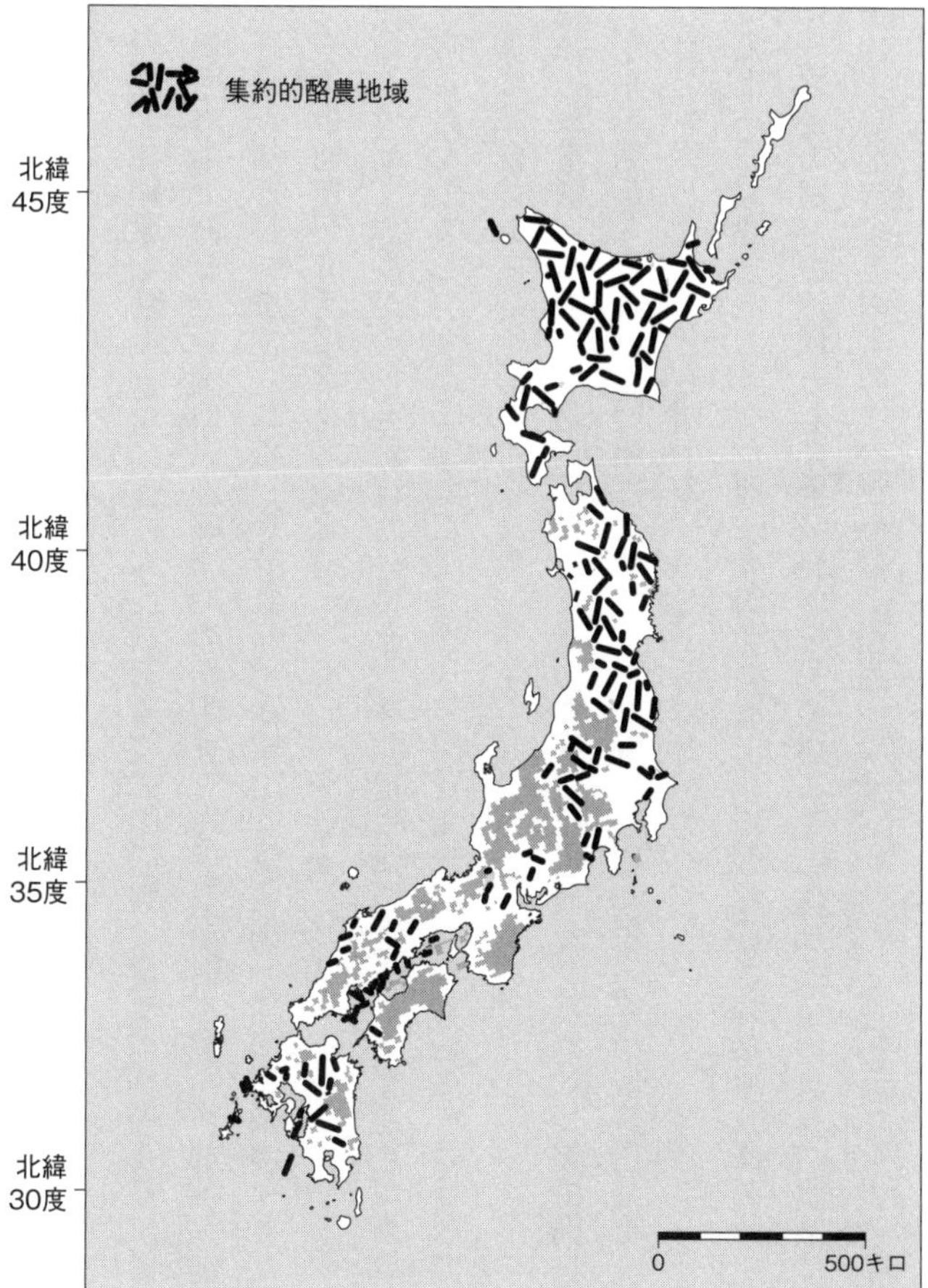

台地の一部が標高の高い部分に広がっていることから、鹿児島県や宮崎県と異なり、乳用牛の飼養数でもトップ5に含まれたのだ。

その他、沖縄県を除くトップ5に入った県も、火山活動と密接に関係する。岩手県は、第四紀の活火山である岩手山の火山麓で酪農が営まれている。栃木県なら那須火山の麓にある那須高原が例として挙げられる。群馬県は、赤城山、榛名山、草津白根山など、火山麓が放牧地や採草地として活用されている。

沖縄県では、古くから牧畜が行われてきた。非常に薄い土壌しか発達しておらず、農耕地に不向きだったことが大きな理由だ。つまり、痩せた土地の有効活用という点では、火山麓と同様の状況である。

現在、牧畜は、石垣島や宮古島周辺で盛んに行われている。それは、重労働を強いられるサトウキビ畑からの離農者増加によって、より就労時間の短い農業形態としての放牧に、経営方向をシフトしたことも理由の一つだ。

このように、痩せた広大な台地が火山活動によってもたらされた地域は、第二次世界大戦後に、牧畜の盛んな地域として経済発展をしていることになる。つまり、農業にとって火山災害は、自然資本そのものなのである。

阿蘇の放牧は世界農業遺産

熊本県阿蘇の牧草地は、毎年春先になると、野焼きをする。野焼きは放牧を効率的に行うための作業であり、草地を健康に保つための牧畜作業の一環でもある。

そのようにして伝統的に守られてきた二次草地（人の手を加えて維持された草地）は、日本に残された二次草地面積の半分にも達する。

これらのことも踏まえて、二〇一三年、世界農業遺産世界会議は、熊本県阿蘇地域の「阿蘇の草原の維持と持続的農業」を世界農業遺産として認定した。

普段は、青々とした阿蘇のカルデラ内のレストランで肉汁濃厚なあか牛のハンバーグステーキを食べるだけで満足だが、あか牛の希少性やそれらを育む草地の世界農業遺産登録を加味すると、少しプレミア感も出る。

おいしいハンバーグステーキや乳製品の陰に、火山災害の必要性があったことを、皆さんは想像できただろうか。

第四章　地熱エネルギーは世界三位

活断層が生み出す石油ガス資源

新潟平野を作り出した活断層による沈降過程は、水稲に適した巨大な氾濫原を作り出すとともに、原油や天然ガスといった自然の恵みをも作り出した。これは、別に新潟平野に限った話ではなく、日本海側の庄内平野や秋田平野でも同様に、おいしい米で有名な水稲地帯と石油・天然ガス田が相伴って出現する。自然現象の一般性は、その地の発達過程の類似性に起因する。

平野の発達に伴って、多量の有機物を含有する地層が地下深部へ持ち込まれるメカニズムは、第三章で説明した通りである。そして、地下深部に持ち込まれた有機物は、地温勾配による高温環境やバクテリアによる有機物の分解過程を経て、原油や天然ガスに変化する。分解によって生成された原油や天然ガスは、地下水に溶け込んだり地層の隙間を縫って移動したりして、地表に向かう。こうしたプロセスは、世界中の池や堆積盆で起こっていることで、田んぼの真ん中でメタンガスが燃えているという話はよく聞く。

これらをエネルギー資源として私たちが活用するには、膨大な地下堆積盆内で発生した原油や天然ガスが、どこかに集中してくれなければならない。そのためには、この原油や天然ガスが地表に到達できないよう、幾重にも重なった地層のなかに水やガスを通し難い地層

(不透水層)が不可欠で、その面より下で発生した資源をトラップできる地層や岩石を「キャップロック(蓋をする岩)」と呼んでいる。

もしも、活断層によって作り出された堆積盆が応力によって折れ曲がる(褶曲《しゅうきょく》)なら、地下水に溶け込んでいた天然ガスや石油が山形になっている不透水層の褶曲の頂部に集積しはじめ、油田やガス田に成長する。つまり、広大な堆積盆であればあるほど、大規模なガス田や油田が期待できる。

北海道の石狩平野には油田とガス田が存在する。また、日本海側の新潟平野とその海岸延長部からは、南長岡油田・ガス田、岩船沖油田・ガス田、東新潟油田・ガス田、片貝ガス田など、多くの採掘現場が存在する。同じ日本海側の秋田県本荘平野でも、由利原《ゆりはら》油田・ガス田が存在する。

日本海側に、多くの油田・ガス田が集中しているのは、日本列島がユーラシア大陸から分かれて日本海を形成する過程で、大きな堆積盆がいくつも作り出されたからだ。その巨大な堆積盆形成に活断層が重要な役割を果たしたのはいうまでもない。

しかし太平洋側にも、千葉県を中心として関東平野南部に広がる大きなガス田が存在する(南関東ガス田)。千葉県茂原《もばら》市周辺に鉱区を持つ関東天然瓦斯《がす》開発が天然ガスの採掘を行っている。同鉱区には、約一〇〇〇億立方メートルの天然ガスが埋蔵されていると考えられている。

しかし、これらの油田・ガス田は、世界的規模から考えたら必ずしも大きくはなく、国内消費量を賄《まかな》うには程遠い。たとえば石油の場合なら、日本で消費される総量に対して一％にも満たない量しか生産できていないのが現状である。しかし、活断層運動に伴う沈降過程がなければ、それすらも存在しなかったのである。

再生エネとしての地熱の優位性

人間活動に伴って大気中に放出される二酸化炭素やメタンガスの増加は、大気による温室効果を加速した。それによって地球温暖化問題が世界を席巻《せっけん》した。

一八〇〇年代に世界人口は一〇億人程度であったが、二〇一一年には七倍の七〇億人を突破。温室効果をもたらすと考えられる二酸化炭素の排出量は、人口増加分の七倍かと思いきや一七〇倍にも増加しており、地球温暖化問題の深刻さは年々増加の一途《いっと》を辿っている。

一九九二年にブラジルで開催された「環境と開発に関する国際連合会議」において、気候変動に関する国際連合枠組条約の採択を機に、二酸化炭素の排出規制が各国で真剣に取り組まれるようになった。つまり、二酸化炭素の排出を行う化石燃料を制限するかたちへのライフスタイル変更が求められているのだ。

電気エネルギーの獲得には、化石燃料を大量に消費する火力発電（石油・液化天然ガス・石炭）が大きなウエイトを占めている。そこで、二酸化炭素を大量に排出しない原子力発電への移行が各国でも進みつつある。とりわけ日本は、地球温暖化問題を契機に、原子力発電所に対する依存度が大きくなった。

そういった状況下、二〇一一年三月一一日に発生した東日本大震災によって、電力情勢は一変した。地震によって発生した津波は、東京電力福島第一原子力発電所の一〜四号機を襲った。その影響で機能停止状態に陥った原子炉は、炉心溶融を起こし、建屋《たてや》の水素爆発も発生した。爆発によってもたらされた死の灰は、東北から北関東に至る広い範囲に飛散し、土壌の放射能汚染をもたらした。さらに、原子炉建屋周辺から浸み込んだ高濃度放射能汚染水が、地下水汚染を続けている。

このような事故に際して、国民の多くは、原子力発電所の安全性に不安感を覚えた。東日本大震災のあと停止していった国内の原子力発電所は、二〇一三年九月一五日には稼動施設が存在しない状況となった。しかし、二〇一三年七月に原子力規制委員会が新規制基準を策定したことを受けて、全国の停止中原子力発電所は再稼動へ向けた動きを加速させた。

そうして二〇一五年八月には、九州電力の川内《せんだい》原子力発電所が再稼動に漕ぎ着けた。だからといって、福島原発事故の影響が片付いているはずもなく、いまだに山積する問題と格闘しているのである。

我々の生活にとって電力が欠かせないことは、熊本地震に遭遇するまでもなく、自明の理だ。影響の範囲は電気だけの問題では済まず、水、ガス、輸送、情報といった、ありとあらゆる生活に密着したものが止まってしまう。電力に対する依存度が極めて高いことが、現代生活のアキレス腱となっている。

電力に依存しつつ、安全で安心な生活を送るためには、地球温暖化に影響をおよぼす二酸化炭素排出量の削減をしつつ、これまで原子力発電所が賄ってきた電力を肩代わりしてくれるシステムに移行する必要がある。再生可能エネルギーの活用は、そういった観点から、多くの人々に歓迎されている。

再生可能エネルギーから直接電力を生み出す方法としては、太陽光発電、水力発電、風力発電、地熱発電、波力発電、潮力発電、海洋温度差発電、バイオマス発電などが存在する。その他、再生可能エネルギーを熱源として活用し、加熱や冷却のために使っていた電気エネルギーを削減する方法もある。そうした再生可能エネルギーとしては、太陽熱、地中熱、雪氷熱がある。

さて、電力エネルギーの重要な要素に安定供給がある。つまり、いつでも一定した電力を供給できるシステムが必要で、一般にベースロード電源と呼ばれている。再生可能エネルギーのなかでは、地熱発電だけがそれに当たるのだ。

そして、電力需要が膨らんだときに活躍するのがピーク電源。ベースロード電源とピーク電源の中間的な役割を果たすのがミドル電源と呼ばれている。揚水《ようすい》型または貯水型水力発電や太陽光発電には、ピーク電源の役割が期待されている。

このように、ベースロード電源である石炭火力発電所や原子力発電所を肩代わりできるのは、再生可能エネルギーのなかでは地熱発電だけなのだ。そして、地熱発電を実現させるためには、火山災害を起こすマグマの存在と、活断層を作り出す地震活動の存在は必要不可欠となる。次項からは、地熱発電に関して詳しく解説することにする。

日本の地熱エネルギー貯蔵量は

四枚ものプレートがぶつかり合う日本列島は、火山活動が盛んな地域であり、地下深部からは高温のマグマが時折、地表近くまで上昇する。これによって、日本列島が局所的に高温になっていることは、温泉の項で説明した通りである。

そんな日本の地熱発電の可能性は、どの程度あるのだろうか？

日本列島全体の地熱資源量は容積法で計算される。この方法では、まず測定された地下の温度分布に岩盤の体積を掛け、それぞれの深度に対応する岩石群の比熱を考慮すれば、地下にどの程度の熱量が溜まっているかを推定できる。次に、そこへ浸み込んだ地下水が熱せられて、どの程度の量が摂氏一五〇度以上の蒸気になるかを検討する。火を止めたヤカンのお湯と違って、地熱は半永久的に周囲から熱が供給されるので、地下水の枯渇がなければ、エネルギーを継続的に活用できる。そんなふうに仮定することで、発電規模が計算できる。

このような計算をして、世界の国々の地熱資源量を概観したのが、131ページの図表7に示した値である。日本は、約二三〇〇万キロワットの実力を持つ、世界第三位の地熱大国であることが分かる。

ところが、各国の二〇一五年度地熱発電設備容量（国内にある地熱発電所の発電量を足し合わせたもの）では、日本は地熱資源量に比しての地熱発電設備容量が極めて小さく、二％程度である。日本国内の総発電量に占める地熱発電の割合はもっと悲惨で、〇・三％にしかならない。それなのに、ベースロード電源とは、なんとも皮肉な話だ。

結局のところ、豊富な地熱資源を持ちつつも、発電用エネルギー源として有効活用できていないことが問題なのである。日本で伸び悩みを示す地熱発電開発の原因を探るべく、地熱発電の基本を概観しよう。

火山災害国としてのメリット

郵便はがき

料金受取人払郵便

小石川局承認

1571

差出有効期間
平成29年3月
19日まで

1 1 2-8 7 3 1

東京都文京区音羽二丁目
十二番二十一号

講談社 第一事業局

講談社+α新書係 行

愛読者カード

今度の出版企画の参考にいたしたく存じます。ご記入のうえご投函くださいますようお願いいたします(平成29年3月19日までは切手不要です)。

ご住所　〒□□□-□□□□

お名前《ふりがな》

年齢(　　　)歳
性別　1男性　2女性

★最近、お読みになった本をお教えください。

★今後、講談社からの各種案内がご不要の方は、□内に✓をご記入ください。　□不要です

TY 000050-1504

本のタイトルを お書きください

a　本書をどこでお知りになりましたか。

1 新聞広告（朝、読、毎、日経、産経、他）　2 書店で実物を見て
3 雑誌（雑誌名　　　　　　　　　　）　4 人にすすめられて
5 DM　6 インターネットで知って
7 その他（　　　　　　　　　　）

b　よく読んでいる新書をお教えください。いくつでも。

1 岩波新書　2 講談社現代新書　3 集英社新書　4 新潮新書
5 ちくま新書　6 中公新書　7 PHP新書　8 文春新書
9 光文社新書　10 その他（新書名　　　　　　　　　　）

c　ほぼ毎号読んでいる雑誌をお教えください。いくつでも。

d　ほぼ毎日読んでいる新聞をお教えください。いくつでも。

1 朝日　2 読売　3 毎日　4 日経　5 産経
6 その他（新聞名　　　　　　　　　　）

e　この新書についてお気づきの点、ご感想などをお教えください。

f　よく読んでいる本のジャンルは？（○をつけてください。複数回答可）

1 生き方／人生論　2 医学／健康／美容　3 料理／園芸
4 生活情報／趣味／娯楽　5 心理学／宗教　6 言葉／語学
7 歴史・地理／人物史　8 ビジネス／経済学　9 事典／辞典
10 社会／ノンフィクション

地球中心部を構成する核は、摂氏約六〇〇〇度と考えられている。その温度は、地球が形成された四六億年前から現在までに生産された熱と、宇宙空間に放出された熱の差である。地球中心部の発熱機構は、放射性元素による崩壊熱、地球形成初期の隕石衝突時の運動エネルギー、地球深部の分層過程における摩擦熱などが考えられている。この極めて高温の地球中心部が地熱エネルギーの熱源となる。

地球は熱伝導率の低い岩石で構成されているため、なかなか冷えない（熱が伝わらない）。ゆえに、我々が裸足で地面の上に立っても摂氏六〇〇〇度を感じることはない。つまり、火にかけた銅製鍋を素手でつかむよりは、熱伝導率の低い木製の柄をにぎったり、羊毛のミトンでつかむほうが熱く感じないのと同じである。

だから、単なる熱伝導だけでは、高温の熱源を有効に活用することができない。熱を効率よく運ぶ方法に対流がある。寒い冬にエアコンで温められた空気が室内を循環（対流）すれば、部屋は素早く暖まる。これと同じことを地球内部で実践しているのがマントル対流であり、マグマの上昇なのである。つまり、これらがなければ、我々は地熱を利用することができない。

地球深部の高温物質が湧き上がるところが、プレート境界部とホットスポットということになる。中央海嶺《かいれい》や大陸のリフト地帯は、高温のマントルが湧き上がって発散するプレート境界に当たり、この高温のマントルは減圧によって熱源となるマグマを発生させ、地球表層付近に到達する。

一方、沈み込み帯では、沈み込んだプレートから上部の高温のマントルに水分が上昇。マグマが発生・上昇し、地表に高温物質を直接もたらす。ホットスポットでは、プレート境界部のマントルよりもさらに深くから高温の物質が熱を運んで上昇し、マグマを発生させる。

地熱資源に富むアメリカ、インドネシア、日本、フィリピン、ニュージーランド、メキシコは、沈み込むプレート境界部に位置する環太平洋火山帯に属する。

もっとも、アメリカの地熱地帯には、発散するプレート境界型およびホットスポット型のマグマ活動も存在している。また、イタリアはアルプス造山帯に含まれ、地中海側から沈み込むプレート境界部で発生した地熱地帯である。そしてアイスランドは、大西洋中央海嶺が水面上に出現した火山島であり、広大な海洋底プレートを作り出すのと同じように、高温マグマが盛んに地表に噴出する地熱地帯である。

アメリカやインドネシアが日本よりも地熱資源量が多いのは、国土面積の差に起因している。つまり、インドネシアは国土面積が日本の五倍以上あるから、地熱資源量の算定根拠となっている火山地帯の体積が自ずと大きくなるのであろう。

インドネシアと同等程度の地熱資源量を有している日本の国土面積が五分の一しかないな

らば、地熱資源の密度が高いことを示す。アメリカとの国土面積比でも同じことがいえるわけだから、いかに日本が地熱資源量の多い国かが分かるだろう。

もっとも、地熱資源量密度が高いということは、裏を返せば、世界屈指の火山災害国ということになるわけだ。世界の活火山の一割程度が集中している日本で、地熱発電を積極的に推し進めなければ、火山災害国のメリットを活用しているとはいえない。

活断層も地熱の必要条件

マグマ活動によって、地球深部の熱源が地表近くにもたらされたとしても、そこから先も熱伝導率の低い岩石で囲まれているから、そのままでは熱を取り出せない。そこで必要になってくるのが、地下水とその通り道となる断層の存在である。

つまり、温泉の項で説明した地下水循環システムの構築が必要であり、地熱発電には高圧蒸気が必要となってくるのだ。

念のために、発電と高圧蒸気の関係を説明しておこう。そもそも電気は、磁石《じしゃく》とコイル状に巻きつけた銅線を軸に固定し、高速に回転させることで発生する。これが発電機であり、この逆をやっているのがモーターということになる。

大型の発電所は、発電機の軸に羽根車（水車、タービン）を取り付けて、そこへ高圧の液体や気体をぶつけることで回転力を得る仕組みだ。水力発電は、高いところから落下する水の力を使って水車を回して発電する。一方、火力発電所や原子力発電所は、燃料を燃焼させボイラーを温め、二次的に発生した高圧蒸気をタービンに導入して発電させるシステム。これらの発電所は、機構的には、蒸気機関車に発電機が付いたような代物《しろもの》だ。

火力発電所のなかには、液化天然ガス、灯油、軽油を直接、タービンの燃料として使って発電機を回すガスタービン発電もある。この方式は、いわば飛行機のジェットエンジンに発電機を取り付けたようなイメージとなる。そして発電効率の増加を狙い、ガスタービンの燃焼によって発生する廃熱をボイラーに導き、水蒸気をさらに発生させて発電機を回す、コンバインドサイクル方式を取り入れる火力発電所も増えている。

これら火力発電所にしても原子力発電所にしても、発電のために燃料が必要である。大まかな燃料コストは、「核燃料→石炭→天然ガス→石油」の順に高くなる。そして、二酸化炭素排出という点において核燃料はゼロであり、その他はおおよそ「天然ガス→石油→石炭」の順に高くなる。

一方の地熱発電では、蒸気発生ボイラーを地球に肩代わりしてもらうため、燃料費は一切かからない。しかも、排出される二酸化炭素量は火力発電に比べ圧倒的に少ない。地熱発電に二酸化炭素が含まれるのは、炭酸泉を思い起こしてもらうと理解しやすいと思うが、火山ガスや温泉には二酸化炭素が含まれているためだ。

アメリカのイエローストーンで発生する巨大な間欠泉《かんけつせん》とまではいかないが、日本の温泉地でも活発に吹き上げる水蒸気や噴気活動を、日本人は見慣れている。この大地の息吹《いぶき》を活用できないものかと思う気持ちが沸き起こるのも、ごく自然な流れだ。そんな人々には、温泉地の下に何台もの蒸気機関車が埋まっている状況が思い浮かぶのであろう。

地熱発電は、一九〇四年に世界で初めて、イタリアのラルデレロで試験運転され、〇・五五キロワットの発電に成功。一九一三年には、同地において世界初の地熱発電所が操業を開始し、一九四二年までのあいだに発電出力が一二万キロワットを超えるまでに達した。

この最初の実験成功を機に、地熱発電の有用性が世界で認められるようになる。日本では、一九一九年に地熱開発のための井戸が別府で掘削され、一九二五年には一・一二キロワットの地熱発電に成功した。第二次世界大戦後、多くの国では、地熱エネルギーは他国からの燃料輸入に頼ることのない資源であり、経済的競争力もあると考えられるようになった。

こうして日本でも、地質調査所（現在の産業技術総合研究所）が全国的な地熱調査を開始した。九州では、現在の九州電力の前身である九州配電が、一九四九年に大分県九重《ここのえ》町の黒岩山北西方の大岳周辺で調査を開始し、一九六七年に日本初の事業用地熱発電所を開設した。東北地方では、岩手県松川で一九五六年に調査が行われ、一九六六年に日本初の商業地熱発電所が日本重化学工業によって開始され、アルミニュウムの精錬に電力が使われた。

その後、第一次オイルショックや第二次オイルショックなどを経て、石油に代わるエネルギー源として地熱が注目を浴び、発電設備の容量も一九九七年の「新エネルギー利用等の促進に関する特別措置法（新エネ法）」の施行までは着実に伸びを示していた……つまり、新エネ法が地熱発電にとってブレーキとなったのである。なぜか？

一九九七年に施行された通称「新エネ法」は、石油に代わるエネルギーの開発や導入に際して国が様々な援助（金融支援や補助金）を行う法律である。しかし地熱発電は、この法律による援助対象から外されたのだ。

新エネ法の後、政府の補助金は次第に減少し、二〇〇〇年以降、新規の地熱発電所は建設されなくなった。地熱発電開発の減速は、補助金カットだけの問題ではないが、大きな要因であったと考えられている。

日本の地熱資源量は世界三位

世界では、第二次世界大戦以降、多くの場所で地熱発電が開発されてきた。二〇一五年における世界の地熱発電設備容量は、一二〇〇万キロワットを超えている。

二〇〇五年と二〇一五年の地熱発電設備容量を比較すると、以下のようになる。

図表7　世界各国の地熱資源量と地熱発電設備容量

順位	国　名	地熱資源量（万キロワット）	国　名	地熱発電設備容量（万キロワット）
1位	アメリカ	3000	アメリカ	309.8
2位	インドネシア	2779	フィリピン	190.4
3位	日本	2347	インドネシア	119.7
4位	フィリピン	600	メキシコ	95.8
5位	メキシコ	600	イタリア	84.3
6位	アイスランド	580	ニュージーランド	76.2
7位	ニュージーランド	365	アイスランド	57.5
8位	イタリア	327	日本	53.6

＊出所：資源エネルギー庁地熱資源開発の最近の動向2012

一〇年間に設備容量の増加が最も著しかった国はケニアで、二〇〇五年の四・五倍。もともとの設備容量が少ない国であったからということもあるが、やはりエネルギー資源のない国なので、自国で賄《まかな》いたいという意思表示とも解釈できる。

ケニアの他には、アイスランドやニュージーランドも二倍から三倍に増加している。両国はいわずと知れた火山国なので、積極的な自国エネルギー資源の開発だろう。またインドネシアは、一〇年間で一・五倍以上に設備容量を増加し、世界で三番目に大きな設備容量となった。

アメリカ、イタリア、メキシコは一倍ちょっとで、現状維持から微増程度の伸びを示している。これらの国々は、地熱発電設備容量を地熱資源量で割った場合、一〇％以上を示す国であり、成熟期を迎えて伸び悩んでいるとみなすこともできよう。

今回検討した国のなかでフィリピンと日本だけが、一〇年間で地熱発電設備容量がマイナス成長を示した。しかし、両国の事情はまったく異なっている。

フィリピンは、前ページの図表7からも分かるように世界第二位の設備容量を誇っており、地熱資源量で割算すると約三〇％となり、ダントツの地熱活用率である。それに引き換え日本は、同様の計算をすると約二％……地熱がまったく有効に活用されていない実態が浮き彫りとなる。

こんな国内事情とは裏腹に、地熱発電用蒸気タービンは、日本企業の三社（三菱日立パワーシステムズ、東芝、富士電機）が世界シェアの約七〇％を占有している。残りの約三〇％は、イタリアのアンサルドT＆D社、アメリカのオーマット社とゼネラル・エレクトリック社、フランスのアルストム社などで占められている。

つまり、日本の地熱発電におけるハード面は、世界に遅れをとっているわけではなく、むしろ輸出できるほど世界をリードしている。それにもかかわらず、地熱発電設備容量で日本が下位に甘んじているのは、大きな問題と思える。

こうして地熱から電気が作られる

日本の伸び悩む地熱開発を考えるために、地熱発電システムの概略をおさらいする（図表

図表8　地熱発電と火山の関係

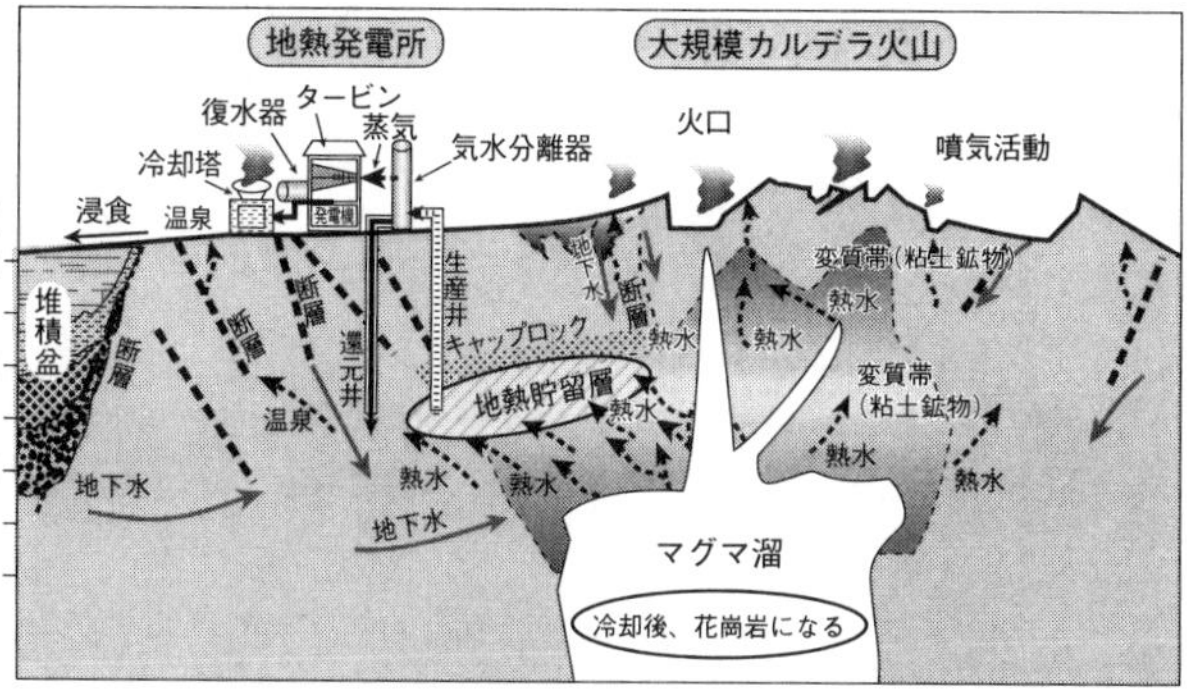

8）。

温泉と同様に、蒸気の素を作るためには、地下深部に存在する熱源に地下水を循環させることが必要だ。温泉と違うのは、蒸気タービンを回すためには、それなりの圧力を持った高温の蒸気が必要で、泉温分類による温泉（摂氏三四～四二度未満）では不十分。そのためには、活火山直下のマグマ溜（摂氏一〇〇〇度前後）か、マグマ溜が冷却段階に移行した花崗岩体（たとえば摂氏六〇〇度程度）といった、高温の熱源は欠かせない。

そのうえで無論、この熱源に浸透できる多量の地下水も必要だ。さらに、地熱発電所の熱水使用量に耐えうる地熱貯留層（加熱された地熱流体が多量に保持されている場所）が必要不可欠なのだ。

断層に沿って地下深部に浸透した地下水は、地熱によって温められると軽くなり、上昇を開始する。このまま上昇して地表に達すれば、自噴する温泉となる。しかしそれでは、大量に熱水を必要とする発電に活用できない。

ここで、熱水の上昇を妨げる岩盤（キャップロック）が途中に存在すれば、その下に地熱貯留層が形成される。このように長い年月にわたり蓄えられた高温の熱水が溜まっている地熱貯留層が見つかれば、地熱発電設備容量を大きくできる。

水は、大気圧下では摂氏一〇〇度で沸騰して水蒸気となり、お湯と平衡に存在する。しかし、地下深部に浸み込んだ地下水がマグマ溜などで熱せられた場合、高圧の環境下のため、熱水は摂氏一〇〇度を超えた状態でも水蒸気と平衡になりうる。そして、さらに高温高圧になると、物性的に熱水とも水蒸気ともつかない状態となり、そのときの温度・圧力条件を臨界点という。

地熱貯留層の高温熱水には、熱水卓越型地熱系と蒸気卓越型地熱系がある。前者は、高温の水蒸気があまり含まれていない熱水からなる地熱系で、温度範囲は摂氏一二五〜二二五度程度から成り、世界でもっとも多い。後者は、逆に高温の水蒸気を主体とした熱水から成る地熱系で、比較的珍しい高温の熱水系であり、世界で初めて地熱発電に成功したイタリアのラルデレロや七二万五〇〇〇キロワットの発電量を誇るアメリカのカリフォルニア州ザ・ガイザーズ地熱発電所がある。

図表9　山川地熱発電所の全景

蒸気卓越型地熱系では、不純物を取り除いた水蒸気を直接、蒸気タービンに送り込めるため、設備が簡単で済む。一方、熱水卓越型地熱系では、セパレーターを使って熱水から蒸気だけを取り出し、蒸気タービンに導入する。この発電方法は、一九五八年にニュージーランドのワイラケイ地熱発電所で開発され、世界にその技術が広がった。

熱水卓越型地熱系では、蒸気量も少ないうえ温度も低いため、蒸気卓越型地熱系の発電に劣る。そこで、熱水卓越型地熱系の発電所では、セパレーターで分離した熱水をさらに減圧して水蒸気を発生（フラッシャー）させ、蒸気タービンに導入するダブルフラッシュ方式が導入され、発電量を一〇〜一五％アップさせている。

前ページの図表9に示したのは、三万キロワットの発電量がある、九州電力の山川地熱発電所だ。鹿児島県指宿《いぶすき》市にある。

地熱発電と温泉の帯水層の違い

地熱発電では燃料費もかからず、かつ二酸化炭素の排出量も少なく、しかも日本は世界第三位の地熱資源保有国でもあるので、いいこと尽くめなのだ。それなのに日本の地熱発電所の開発が伸び悩むのは、①発電所建設までの調査問題、②国立公園問題、③温泉地との競合問題、という三点が行く手に立ちはだかっているからだ。

地熱発電を行う場合、地下の地熱貯留層から大量の熱水を汲み上げるため、熱水資源の枯渇が懸念される。実際、アメリカのカリフォルニア州ザ・ガイザーズ地熱発電所では、一九八〇年代の終わりに蒸気生産量が低下し、発電量が激減した。その後、蒸気生産量を復活させるべく人工的に地下水を涵養《かんよう》するプロジェクトを実施し、ある程度復活したのだ。

地下水と同様に、熱水も涵養されてから加熱されて、十分使用可能となるのには、ある程度の時間が必要だ。だから、タイムスケールの取り方次第では、再生可能エネルギーといえるかどうかは微妙である。

そもそも熱水の存在する地域は、古くから温泉地であることも多く、地熱発電所建設に伴って温泉が枯渇することを心配した反対運動が存在する。これは心情的にも理解できる。しかし地熱発電所の多くは、発電に使用した熱水を再度、還元井《かんげんせい》で地熱貯留層近傍に戻す作業を行っている。これは、先のザ・ガイザーズの二の舞にならないための予防措置だ。

また、地熱発電に使用する熱水域は一般に深く、温泉に使っている帯水層とは異なることが多い。国内に一七ある地熱発電所のなかで、温泉に重大な影響を及ぼしたケースはなく、地熱発電と温泉は共存できるように見える。相互の理解と厳格なモニタリングによって、良い方向に進めるものと期待する。

地熱資源量の約八割がある場所

富士山をはじめとする火山は、日本人にとって象徴的な風景であり、また信仰の対象でもある。そのため、火山地域の景観に価値を見出《みいだ》し守ろうとするのは、日本人としてのアイデンティティかもしれない。だから、ほとんどすべての火山は国立公園に指定されており、人為的変更が規制の対象となっている。地熱エネルギーと火山を切り離すことはできず、地熱資源量の約八二％が国立公園内にあるとの試算もある。

そう考えると、火山や温泉に対して思い入れの大きい日本において地熱発電が浸透しないのも、無理はないのかもしれない。ただ、そんなノスタルジックな感傷よりも発電にかかる燃料費を抑えるほうが合理的だと考える国々が、地熱発電の開発を積極的に行っているのだろう。

しかし、日本のエネルギー事情を考えると、将来において国立公園の景観維持と地熱発電所の存在をうまく融合させる時期が来るのではないかと思う。世界では、自然景観に配慮した発電所建設も進められている。

日本でも「エネルギー分野における規制・制度改革に係る方針」が二〇一二年に閣議決定され、自然公園内における地熱発電施設の設置に関する①「通知の見直し」と②「優良事例の形成検証」が行われた。そのなかで、国立・国定公園内における地熱発電施設を六ヵ所に限定するという通知が廃止され、景観や自然環境の保全と再生可能エネルギーの利用の高いレベルでの調和を図るという方向に方針転換され、可能性が広がった。

各種発電のコストを比較すると

二〇一一年に公表された、コスト等検証委員会報告書では、各電源の単価を次のように報告している。

①原子力発電：八・九円／キロワット時（二〇一一年原発事故の損害規模を六兆円と仮定）

〜一〇・二円／キロワット時（同損害規模を二〇兆円と仮定）
②石炭火力発電：九・五〜九・七円／キロワット時
③液化天然ガス火力発電：一一・五〜一一・九円／キロワット時（ミドル電源のため設備利用率五〇％）
④石油火力発電：二二・一〜二三・七円／キロワット時（設備利用率五〇％）
⑤風力発電：九・九〜一七・三円／キロワット時（設備利用率二〇％）
⑥地熱発電：九・二〜一一・六円／キロワット時
⑦太陽光発電：三〇・一〜四五・八円／キロワット時（メガソーラー）
⑧水力発電：一〇・六円／キロワット時（設備利用率四五％）

ちなみに二〇一四年の段階で、福島第一原子力発電所の損害総額は一一兆円に達していると報告され、二〇一六年の「世界原子力産業現状報告」によると、約一三兆三〇〇〇億円と見積もられている。ということは、原子力発電のコストは九・三円／キロワット時が最低価格となり、まだまだ上昇する可能性もある。

コスト面で比較すると、地熱発電の経済性は十分である。

しかし地熱発電所の建設は、他の発電所と違って、地下の熱水貯留状況を十分把握できないと発電規模が確定しない。こうした厄介《やっかい》な問題を抱えているため、他の発電設備のように、建設したら終わりというわけにはいかない。そのため、建設コストは七〇万〜九〇万円／キロワット時となり、原子力発電所や石炭火力発電所の倍以上かかる。

そして、地熱発電所が発電を開始するまでに一一年の手順が必要となる。地表調査（地質・地球物理・地球化学探査）に二年、抗井《こうせい》調査と地熱貯留層推定に三年、発電所による環境影響調査に四年、発電所の建設に二年だ。これらすべてを含めた発電施設の完成までに長期間が必要なので、民間企業としてはなかなか厳しい。

二酸化炭素排出量の削減や原子力発電所からの脱却を目指すには、やはり国が積極的に支援をして、電源開発を推し進めることが得策のように思える。

広がる温泉バイナリー発電とは

さらに地熱を有効に活用すべく、摂氏一五〇度以下の熱水でも発電が可能となるように、現在ではバイナリー発電も増えつつある。

バイナリー発電とは、熱水から直に水蒸気を取り出すのではなく、水よりも低沸点の媒体（ペンタンや水とアンモニアの混合物）と熱交換をし、気体を作り出してタービンを回す方式である。低沸点の媒体としては、ペンタンやブタンといった有機ランキンサイクルと、水とアンモニアの混合物からなるカリーナサイクルがあり、前者は摂氏一〇〇〜一五〇度の範

図表10 火山と地熱発電の位置関係

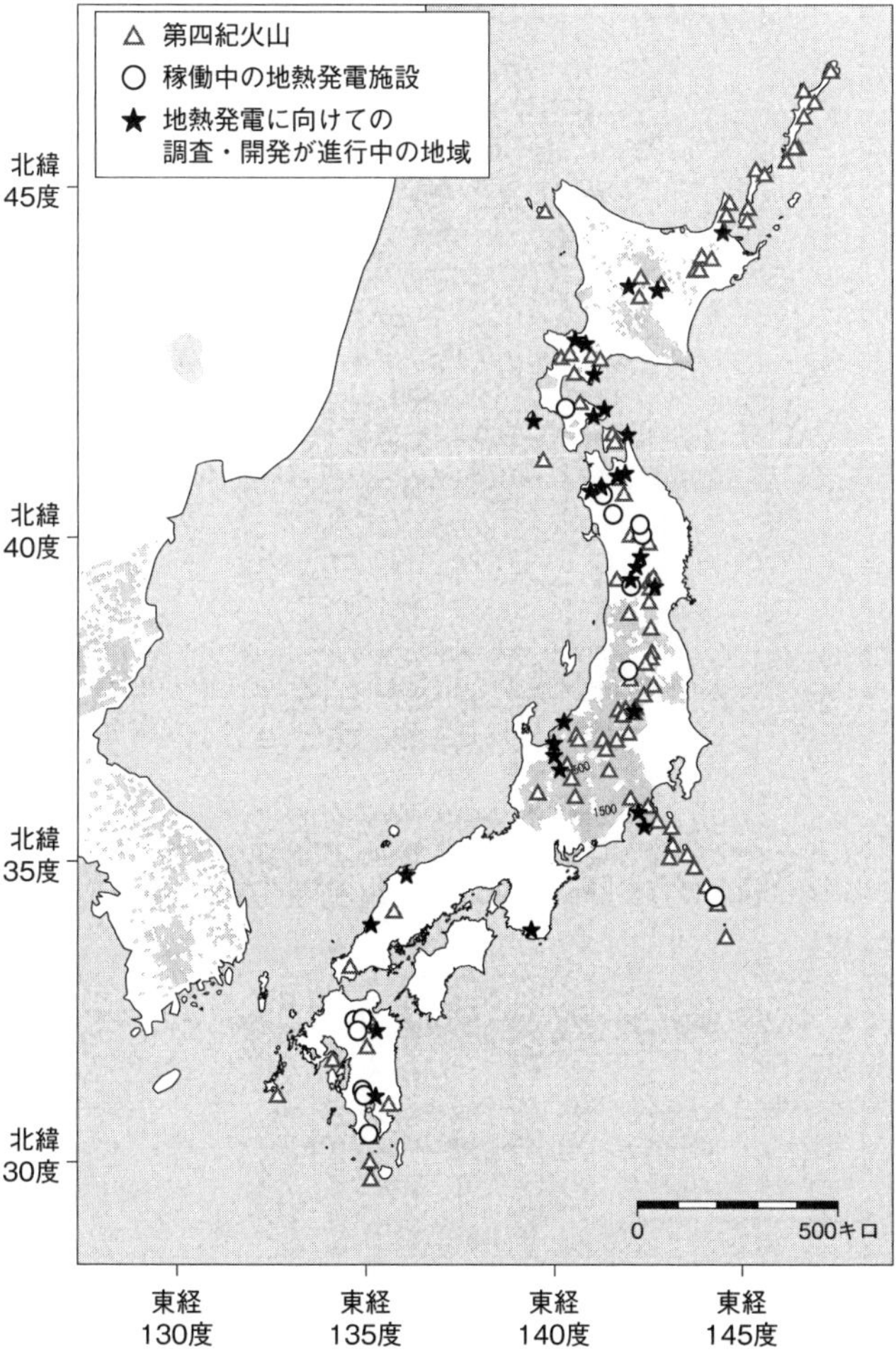

囲で、後者は摂氏七〇〜一〇〇度の範囲で有効に活用できる発電方式だ。

独立行政法人石油天然ガス・金属鉱物資源機構（ＪＯＧＭＥＣ）では、国からの補助金事業として、「地熱資源開発調査事業費助成金」制度を設けている。これは、国内の法人が地熱資源調査を行うときの調査費を助成する制度だ。二〇一三年度には二〇件、二〇一四年度には二三件、二〇一五年度二六件の調査事業に対して助成金が交付されている。

前ページの図表10には火山と地熱発電施設ならびに調査・開発中の地域を示した。

温泉バイナリー発電は、高温温泉（摂氏七〇〜一二〇度）でも十分発電できる施設であり、これまで適温になるまで冷ましていた温泉水の廃熱を発電に利用できる。現在使用中のお湯を発電に回して、熱だけを取り出すことから、温泉水使用量の増加もあまりない。そのため、大型地熱発電所と異なり、発電による温泉水の枯渇に悩まされずに済む。

しかも、施設が比較的小型で済み、地熱発電のメリットであるベースロード電源としての役割が期待される。特に、太陽光発電に不利な雪の多い山間部では、緊急電源としても重《ちょう》宝《ほう》することだろう。

温泉バイナリー発電は、山間の温泉と発電所が共存できることを実証してくれている。

第五章　鉱物資源は地震と火山のコラボレーション

粘土は人類にとっての重要資源

石器時代が終わり、器や鍋釜《なべかま》の道具として、人類は粘土から土器を作り出した。現在でもその伝統は脈々と受け継がれており、焼き物（陶磁器）は日用品や工芸品として親しまれている。

焼き物のなかには高額な値段を付けるものも多く、有田焼、景徳鎮《けいとくちん》、マイセンといった名前は有名だ。陶磁器を作り出す材料としては、粘土だけではなく、陶石《とうせき》と呼ばれる鉱石も重要である。

陶磁器にも様々な種類があり、使われる粘土、陶石、およびそれ以外に配合される鉱物類などによっていろいろ変化する。陶磁器は、①土器（植木鉢、瓦《かわら》）、②炻器《せっき》（タイル、甕《かめ》、食器）、③陶器（洗面台、便器、浴槽、食器、装飾品、タイル）や磁器（食器、碍子《がいし》）、④装飾品の四種類に分けられている。

それぞれは、材料の違いはもとより、焼き上げるときの温度（焼成温度）、色あい、釉《うわぐすり》の有無、吸収性などの性質が異なる。陶磁器やそれを作る技術の応用を現代風にいうなら、セラミックやファインセラミックスとなる。窯業《ようぎょう》の世界は、茶碗やお皿だけではなく、現代産業に大きく関わっているのだ。

さらに、粘土を構成する粘土鉱物は、陶磁器の材料以外にも様々な用途で使われている。たとえば、土壌改良用の促肥材、客土、湿布、美顔マスク、入浴剤、シャンプー、石鹸、食品、脱臭剤、脱色および精製剤、化粧品、鉛筆の芯《しん》、コート紙など、多岐にわたる。

社会生活と密接に関わる粘土や陶石を大地から採取しているわけだから、火山活動や断層活動と無縁ではいられない。どのように関連するかを詳しく見ていく。

粘土鉱物が濃縮する地層の秘密

そもそも粘土とは、岩石の風化・変質によってできあがった粘土鉱物と、その他の鉱物群の集合体を指す。岩石の変質過程では、アルミニュウムを含む鉱物（たとえば長石《ちょうせき》など）や火山ガラスに水が加わって分解反応が進行し、新たにアルミナとシリカを主体とする水酸化物が形成される。

この新たに形成された水酸化物が粘土鉱物となる。当然ながら、粘土鉱物の生成量は、岩石の性質、反応時間、反応温度、圧力などの条件によって大きく変わる。

たとえば、地表ならば雨そのものが反応水となる。低温で反応時間の短い雨水の浸透では、表層を覆《おお》う火山灰中の火山ガラスや長石が変質して粘土鉱物が生成される。ローム層や黒ボク土への変化がそれに当たる。

土壌中の有機物は、浸透した雨水を弱酸性化し、溶出しやすい元素群（カルシュウム、ナトリウム、マグネシュウムなど）を火山灰土から取り除く。そのため、シリカやアルミナが土壌中に濃縮し、粘土の形成を促進。高温多湿の日本では、この反応が比較的早く進行する。

この反応は、表土に限った話ではなく、岩盤自体でも元素の溶脱と粘土鉱物の形成が起こる。ただし表層に現れた岩石群は、火山灰層と違って雨水の浸透性が悪いため反応速度が遅く、大量の粘土鉱物を形成できない。

しかし、それらの岩盤に断層が発達する場合、広い領域に天水として水が供給される。さらに、地温勾配にしたがって深部に地下水が浸透すれば水温が上昇し、反応速度が増す。

花崗岩はアルミニュウム質の長石族鉱物を多く含有しているため、粘土鉱物を作り出す材料に富んでいる。しかも、もともとマグマの固結物であり、完全に冷却するのに数百万年かかるため、固化後間もない花崗岩体では、境界部周辺に粘土化する条件がそろう。

さらに効果的に粘土鉱物を作り出す機構が、熱水循環である。

マグマが熱水循環を促進する熱源であることは既にお分かりのことと思う。火山体周辺には、たくさんの断層帯によって地下水の供給・循環システムが構築されている。超高温の熱水が多量に循環するマグマ溜近傍では、周囲の岩石が素早く粘土化され、その領域は火山体の大きさよりも広い範囲に及ぶ。

火山体が粘土鉱物の生産場であることは、噴気活動によって白色化した崖《がけ》や灰色をした泥が広がる地域からなる「地獄」地帯を見れば一目瞭然《いちもくりょうぜん》であろう。火山地域では、他地域の粘土化と異なり、循環する熱水中に硫酸や塩酸といった成分がマグマ水から直接供給されるため、強酸性の熱水が循環する。

高温で強酸性の熱水は最も反応速度が速く、もともとの溶岩を素早く粘土化してしまう能力を有する。だから、硫黄の香りが漂う温泉地では泥湯や泥パックを楽しめたりするのだ。

このようなマグマと地下水の反応は、陸に限った話ではない。火山は海底にも多数存在する。海底で形成された火山は、周囲を多量の海水で覆われているため、陸上よりも循環する熱水に事欠かない。

日本列島がユーラシア大陸から引き裂かれて日本海を形成した一五〇〇万年前以降、火山活動が、東北日本の中央部からフォッサマグナを通って伊豆半島に至る「グリーンタフ地域」という火山地帯を構築した。これらの火山活動は主に海底火山であり、多くの粘土鉱物が生成されている。大谷石《おおやいし》に代表される緑色をした凝灰岩《ぎょうかいがん》は、正に粘土化した火山岩類の代表だ。

このようにして、マグマ（あるいはその固結物である花崗岩）と地殻内に発達した断層が活用され、岩石と水の反応が促進されて粘土鉱物ができる。これらは、地表に出現ののち、土壌中で形成された粘土とともに浸食作用で泥水として河川に流れ出す。粘土鉱物は、平べったい結晶構造（フィロケイ酸塩）を有しているため、水の抵抗を大きく受け、なかなか沈殿しない。洪水時、泥水がなかなか透明にならないのは、そうした理由がある。

逆に、この結晶構造上の特徴によって、泥水がゆっくりと溜まるような湖や平野部では、砂や石が取り除かれて粘土鉱物が濃縮した地層が形成される。このようにして形成された地層が堆積性粘土鉱床となり、全国で、この粘土を使った陶器が発達した。

特別な白磁器を生む粘土の組成

粘土とは単一の成分を示す言葉ではなく、粘土鉱物、石英、長石、ドロマイト、骨灰《こっかい》などが含まれている。粘土鉱物にも結晶構造や化学組成に応じて様々な種類が存在する。

全国で伝統的に行われている焼き物の多くは、現地調達できる堆積性粘土鉱床を原材料として使用したため、様々な不純物の含有によって、有色の土器しか作れなかった。こうした土器は吸収性が大き過ぎて器として成立しないため、釉《うわぐすり》などの技術革新によって陶器が生み出され、用途が拡大した。

そして、焼き物のなかで後発なのが磁器であり、陶器とは以下のような点で異なる。①透明感のある白色～青白色をしている。②焼成温度が摂氏一二〇〇～一四〇〇度と、最も高温である。③吸水性が皆無である。④硬い焼き物で叩いたときに高音の金属音がする。

これらの特徴は、陶器に対して多くのメリットとなるため、磁器は世界的に珍重《ちんちょう》された。その代表が、いまから一五〇〇年前に中国の景徳鎮《けいとくちん》で製造された青磁《せいじ》や白磁《はくじ》である。

景徳鎮でこのような焼き物が発達するには、耐火性が高く、色の付かない粘土の産出が必要不可欠であった。つまり、色付けを行うための真白で丈夫なキャンバスとして、絶好の素材が求められたのである。

この要件を満たした白色粘土が景徳鎮の周辺で大量に産出され、産地の一つである高嶺（中国読み：カオリン）にちなんで粘土はカオリンと命名された。そして、その粘土を構成する粘土鉱物がカオリナイトとなる。純度の高いカオリナイトを産する地質学的条件が限られていたので、景徳鎮の希少価値は高まった。

日本に磁器の技術が導入されたのは、一六一〇年代に現在の佐賀県有田町の泉山《いずみやま》で、白磁作製に適した陶石を産出したことに端を発する。発見者は、朝鮮出身の李参平《りさんぺい》であり、豊臣秀吉《とよとみひでよし》の朝鮮出兵に参加していた肥前の領主・鍋島直茂《なべしまなおしげ》に同行して来た陶工の一人であった。

江戸時代、鍋島藩の窯業（古伊万里《こいまり》）の原料を支えた泉山陶石は、有田周辺に広がる有田流紋岩類（三〇〇万年前に活動）が熱水変質作用によって約二〇〇万年前に陶石鉱床に変化したものが材料として使われている。この陶石鉱床は、有田流紋岩類が北東―南西に発達した断層に沿って地下四〇〇メートルに貫入し、のちに溶岩類が熱水循環によって雑多な元素が取り除かれ粘土化したため、良質の陶石が形成された。

明治時代以降には、泉山陶石鉱床に代わって、より南の天草下島《あまくさしもしま》に存在する天草陶石鉱床が、質・量ともに陶磁器原料として台頭してくる。

天草陶石は、一般的な陶石に比べてチタン含有量が半分程度（〇・〇五％）である。しかも、高品位の陶石に至ってはさらに低く、〇・〇一％しかチタンが含有されていない。つまり、天草陶石は、白さが命の白磁を作るうえで最良の材料なのだ。こうして日本で産出される貴重な磁器原料の約八割を天草陶石が占めるまでに至った。

天草陶石は、天草下島の西岸に分布する流紋岩質貫入岩が熱水変質作用によって陶石化した鉱床であるが、このように断層運動（当時の活断層）とマグマ活動が密接にリンクしながら非金属鉱床を作り上げてきた。

隆起浸食によって地表に現れたこれらの鉱床と同様に、地下深部の断層運動とマグマ活動およびそれによって駆動される熱水循環によって、現在でも火山帯地下では陶石鉱床が形成されつつあり、採掘の時を待っているのである。

黄金の国ジパングを作った火山

日本列島は、数億年前から現在に至るまで、沈み込むプレート境界部分に発達した地域である。そのため、数億年間は地震とマグマ活動の巣窟《そうくつ》であったことは間違いない。この自然環境が日本列島を金属資源豊かな鉱山大国に押し上げたことは、拙書『ジパングの海　資源大国ニッポンへの道』で詳しく記述した。

歴史的背景と金属資源の趨勢《すうせい》、そして現代の海底資源問題の詳細は、前作をご一読いただければ幸いである。そこで本書では、マグマ活動と断層活動によって、鉱床がどのように形成されるかに焦点を当てて解説していきたいと思う。

金属資源鉱床とは、岩石中に微量しか含まれない有用金属元素（金、銀、銅など）が濃縮されて存在している部分である。鉱床形成過程は多岐にわたるため、すべてを網羅することはとてもできない。そこで、日本列島の形成過程と密接に関連し、利益率の高い金に焦点を当て解説することにする。

金は、多くの場合、熱水鉱脈鉱床として産出される。鉱床形成にも熱水循環が大切な役目を果たすことは、文字を見ただけで想像できるだろう。ここで、水の循環という視点から、本書の内容を少し整理してみる。

地下に浸透した地下水がマグマによって加熱されて地表に出ると、温泉になる。地熱水が高温状態に保たれていれば、地熱発電用の地熱貯留層になる。その地熱水は、地下における循環過程で岩石と反応して、粘土鉱物を広域に作り出す。

熱水と岩石の反応によって溶け出した金属元素が、冷却あるいは地下水と反応することによって溶解度が減少すると、鉱石として沈殿する。こうして鉱脈鉱床が形成されるのだ。

このように、金属鉱床の形成、陶石などの粘土鉱物形成、地熱発電、地下水（海水）の浸透は、地殻内で常時起きている。地表では個別現象として捉えられがちであるが、本来不可分の存在なのだ。

つまり、地殻内における水の循環とマグマとの相互作用は、長期間持続する熱水循環システムとして認識することが可能なのだ。特に、元素の溶脱によって形成される熱水性粘土鉱床と、その溶脱した元素が作る熱水性金属鉱床は、相補的な関係になる。

たとえば、先ほどの波佐見陶石では、当該地域を横切る湯無田《ゆむた》断層沿いに鉱脈があり、波佐見鉱山として金を一トン産出した。また鹿児島では、大口カオリン鉱床、入来《いりき》カオリン鉱床、川内《せんだい》カオリン鉱床などが存在し、その近傍にそれぞれ大口鉱山、菱刈《ひしかり》鉱山、串木野鉱山といった金山が存在している。

鉱脈鉱床はマグマと活断層のコラボ

金、銀、銅の熱水鉱脈鉱床の「いろは」をおさらいし、熱水循環システムとしての断層とマグマの関連を考えてみる。

日本の熱水鉱脈鉱床形成において、膨大なマグマ溜と熱水の循環を司《つかさど》る断層系の発達は、金の形成の両輪となる。つまり、マグマ量が多ければ多いほど金の総量も多くなるという寸法だ。だから、九州の阿蘇カルデラのような巨大火山やそのマグマ溜の化石と考えられる花崗岩体は、巨大金鉱床の有力候補地となる。

一方、熱水は、マグマ中や地殻内に薄く広がった金をかき集める役割を担う。したがって、大量の熱水が常に循環するシステム構築も必要条件。金の熱水鉱脈鉱床を上記の説明だけでイメージするのは難しいと思うので、圧力鍋で作る豚角煮《ぶたかくに》に置き換えて考えてみよう。

まずは、圧力鍋（マグマ溜＋地下深部＝高圧）に豚肉（マグマ＋周囲の岩石）とお出汁《だし》（マグマ起源の熱水＋地下水）を入れて煮込む（マグマの熱）。そうすると、豚肉の旨み成分（金・銀・銅）がお出汁に溶け出す（金・銀・銅を含む熱水ができる）。このとき、お出汁が単なる水ではなく、塩など（火山ガス成分：塩酸、硫酸、硫化水素、二酸化炭素、フッ素）が含まれると、浸透圧の関係で効率よく豚肉（地殻やマグマ）が煮える（酸性溶液になって元素の溶脱が促進される)。

そして豚角煮を冷蔵庫で保存(冷却)すると、お出汁(金・銀・銅を含む熱水)は、旨みを含んだラードを分離(金・銀・銅を含有する鉱石を沈殿)する。そして、柔らかく煮込まれた豚角煮(粘土化した火山岩類や地殻)を美味しくいただけるということになる。

どうだろう、金の鉱脈鉱床をイメージできただろうか。大事なことは、どこで熱水から金が沈殿するかということであり、そこに鉱床が存在するのだ。

鉱脈鉱床ができやすい三つの場所

鉱脈鉱床のできやすい火山体近傍の場所は、三ヵ所ある。①火山体外側の地下約一キロの地点、②火口周辺およびその直下の浅い範囲、③地下五キロ程度でマグマ溜の直上の地点、である。さらに、これらの鉱脈鉱床が砕屑《さいせつ》されて④河原に堆積すれば砂金となる。

図表11中①の地点で形成される鉱床は、鉱液中に硫黄分が少ない低硫化型鉱脈鉱床と呼ばれ、九州の菱刈鉱山がその代表例だ。菱刈鉱山は、現在、日本で四ヵ所だけ稼行している金鉱床のうちの一つであり、総産金量も二〇〇トンを大きく上回るワールドクラスの金鉱床だ。

マグマ溜近傍で形成された熱水に溶け込んだ金は、遠く離れた場所で地下水によって薄め

図表11　金属資源鉱床を作るマグマと活断層

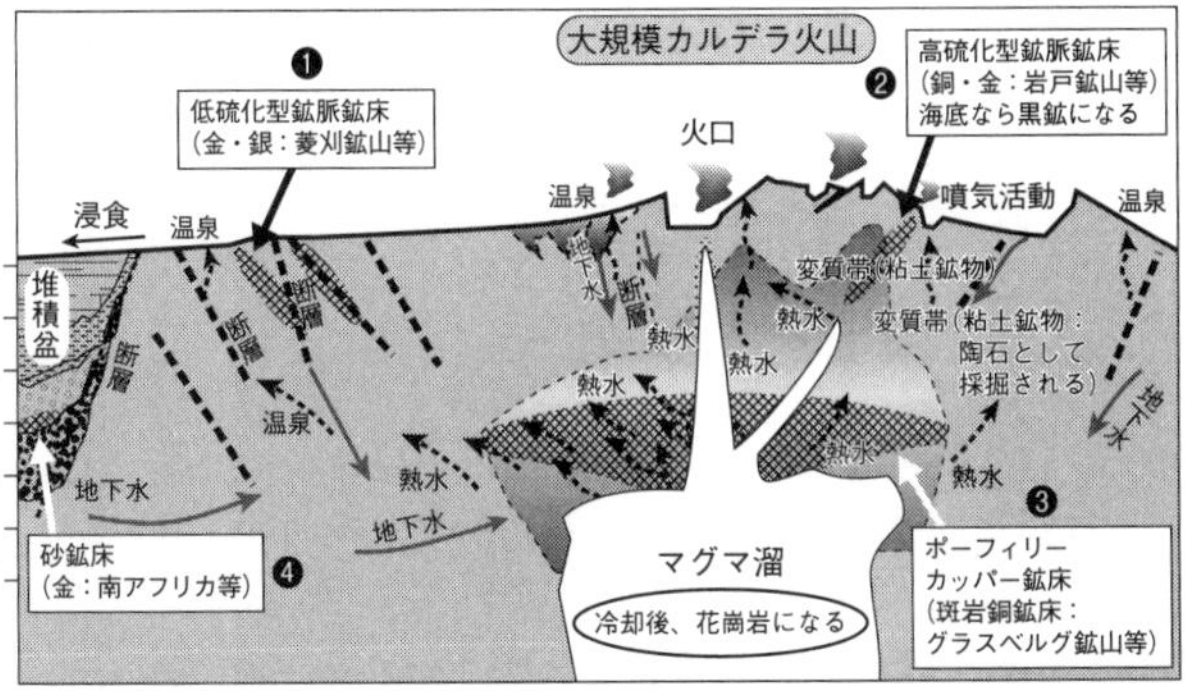

られ、金を晶出《しょうしゅつ》し始め、鉱床に発展する。鉱物の晶出が開始すると熱水の通路は塞《ふさ》がってしまい、大きな鉱床に成長できない。そのため、鉱石を晶出しながら熱水の流路を確保できるシステムが必要不可欠となる。

このとき、活断層のように長期間にわたり同じ場所を破壊できるシステムが存在すれば、熱水の通り道が常に確保され、鉱脈は時間経過とともに大きく成長できる。

オーストラリアには、一マイルに及ぶ金の断層地帯がカルグーリーの近傍に存在する。この金鉱床は、三〇億年前の地層に発達した断層と、そこを充填《じゅうてん》した鉱脈鉱床群からなる。

ここでは、鉱脈鉱床としては珍しく露天掘りが行われており、長さ三・五キロ、幅一・五キロ、深さ〇・六キロの巨大な窪地ができている。この巨大な窪地は「スーパーピット」と呼ばれ、これまで一四〇〇トンもの金が産出されている。

銅を多産する火口周辺の鉱床とは

マグマ水を多く含む硫酸性の熱水がそのまま上昇し、地表付近で冷却されると、図表11の②の位置で鉱脈鉱床が形成される。その場合の鉱脈鉱床は、高硫化型鉱脈鉱床と呼ばれる硫黄分の多い鉱液から、多量の銅を金とともに産出する。

もしも海底火山ならば、②の位置が海底となり、上昇してきた高温の熱水は素早く海水によって冷却される。その結果、摂氏三〇〇度を超す酸性の熱水から、多量の銅とともに金を含む鉱物が形成される。

このようなスタイルで海底に形成された白亜紀の鉱床としては、愛媛県の別子《べっし》銅山や茨城県の日立鉱山が挙げられる。

また、日本海の拡大に伴って形成された黒鉱《くろこう》鉱床（秋田県北鹿《ほくろく》地域をはじめとする東北地方）が有名である。

さらに、現在多くの国々が鉱床開発を目指して研究中の海底熱水鉱床も、このタイプに当たる。日本近海では、火山フロント上の伊是名《いぜな》海穴《かいけつ》（琉球弧）や明神礁《みょうじんしょう》カルデラ（伊豆・小笠原弧）が、現代の黒鉱鉱床として注目されている。

世界の金と銅を左右する鉱床

現在最も重要な鉱床タイプは図表11の③に位置するポーフィリーカッパー（斑岩銅《はんがんどう》）鉱床であり、ワールドクラスの金鉱床や銅鉱床は、ほとんどこの位置に形成されている。金は銅の副産物として産する。

図表11からも明らかなように、①や②の場所に比べ、ポーフィリーカッパー鉱床の鉱化領域は広大である。鉱石の平均品位は①や②に対して一〇分の一以下であるが、銅および金の埋蔵量が桁違《けたちが》いに大きい。たとえば、銅の埋蔵量は数億トンから一〇億トンにも達する。その巨大さゆえに、世界の銅埋蔵量の五〇%をポーフィリーカッパー鉱床が占めているのだ。

ポーフィリーカッパー鉱床は、マグマ溜直上の熱水集積によって形成される。そのため、マグマ溜を構築していた膨大なマグマ全体から集められた金属が、その位置に広く集積される。また、マグマ溜上部において長期間継続する熱水循環が周囲の岩石から金属を掻《か》き集め、二次富化作用も起こる。しかし、これらの作用によって有用元素が濃縮したとしても、鉱石の平均品位は高くない。

世界の金や銅生産量を左右するポーフィリーカッパー鉱床は、日本のような若い造山帯に集中しており、具体的には中生代～新生代（二億五〇〇〇万年前～現在）に形成されたアルプス・ヒマラヤ造山帯（チベット、ウズベキスタン、インドネシア）と、環太平洋火山帯（チリ、ペルー、メキシコ、アメリカ、カナダ、パプアニューギニア）である。

日本には、現在ポーフィリーカッパー鉱床は発見されていないが、火山活動や地震活動が活発な造山帯に巨大な金や銅の鉱床を作り出す条件が整っているとみなせる。

新規の造山帯にポーフィリーカッパー鉱床が集中するのは、造山運動に伴う侵食レベルがちょうど鉱床の深さにまで達していることによる。つまり、古い造山帯では侵食によってすでに鉱床が削られてしまい、新し過ぎる地域では侵食作用が不十分で鉱石に辿《たど》り着くために除去しなければならない岩石が多過ぎる。それではコストに見合わないのだ。

このように、火山活動や地震活動が頻発する地域であったからこそ、金属鉱床も形成される——。

人類の歴史が始まる遥か昔から、日本に限らず、火山活動や地震活動の活発な場所は、鉱床形成の場であり続けた。そして、鉱床形成後も変動によって、さらなる鉱床の集積をもたらしたといえる。

このように、日本は火山と地震の恩恵によって、現在の経済基盤を成立させたのである。

第六章　活断層型地震は実はシンプル

減災で日本は環境資源大国へ

ここまで述べてきたように、私たちは火山災害や地震のおかげで有り余るほどの資源を享受しつつ、豊かな生活を送っている。資源を作り出す営みは、人類の歴史など及びもつかないほどの遥か昔から継続し、その地球史のほんの一瞬に人類は寄生しているだけに過ぎない。今後も女神ガイアの恩恵を享受しつつ、人類が発展を遂げるには、大規模な自然災害を当然のこととして受け入れなければならないだろう。

日本のような「自然災害の巣窟」では、いってみれば「ハイリスク・ハイリターン」の宿命を背負って生活せざるを得ない。だからといって、座して死を待つ必要もない。

大規模自然災害の場合、その規模の大きさゆえ、完全なるリスクヘッジが不可能なのは確かだ。だから、防災という言葉は似つかわしくない。

しかし、完全とまではいかないまでも、生命を脅かす壊滅的な事態だけでも避けること、すなわち減災ができれば、被害を最小限にとどめ、再起への可能性が残せる。自然に対する畏怖《いふ》の念とは、現代的に言い換えれば減災思考そのもので、触らぬ神に祟《たた》りはないのだ。

そして、そうした減災への方法論が確立されれば、世界が羨《うらや》む環境資源大国への道がおのずと開かれる。

私は、一九九〇年から熊本に住んでいたおかげで、火山災害（一九九一年の雲仙普賢岳噴火災害）や二〇一六年の熊本地震をリアルに経験する機会を得た。それらの実体験を通して見えてきたことは、

①火山災害や活断層型地震災害のメカニズムはとてもシンプル
②減災に向けた情報収集も簡単
③減災に向けた安全対策は日本が世界一

ということだ。

皆さんも、インターネットを通じて公開されている観測情報を駆使して減災に励むことで、火山と地震の楽園である日本列島で、安心して生活できるのではないだろうか。もちろん不幸にも被災された方々には心から同情し、できる限りのサポートを行うのは当然のことではある。

災害列島ではあるが安全な日本

日本列島は、度重なる悲劇的な教訓を糧《かて》に、自然災害に対する抵抗力を身に付けてきた国だ。世界で発生する大規模自然災害のニュースを見るにつけ、同程度の災害規模に対して、日本の倒壊家屋数や死傷者数が桁外れに少ないと感じるのは、私だけではないだろう。現時

点でも、適切に改良が加えられた機器や行動規範によって、減災という目的が世界のトップレベルに維持されていることは間違いない。

たとえば、マイコンガスメーターの普及や耐震配管などのハード面の改良が威力を発揮し、震災時の火災発生件数を激減させているとみなせる。さらに、関東大震災や阪神・淡路大震災で発生した大火が犠牲者数を激増させたという教訓が、国民全体に十分浸透し、地震を感じたら火を消すという意識改革もなされている。

災害に強いインフラ整備も、様々なかたちで、国や地方自治体によって粛々《しゅくしゅく》と進められている。電線の地中化工事など、災害に強いライフラインの整備は、減災に向けて大きく役立っている。

二〇〇四年に試験的に始まり、二〇〇七年に本格運用が世界に先駆けて開始した緊急地震速報も素晴らしい。稀にヒューマンエラーがあるシステムであったとしても、緊急地震速報をはじめとする地震情報の共有化が、日本列島の減災効果を加速しているのは間違いない。

大津波によって多くの犠牲者をもたらした東日本大震災……しかし、岩手県普代村《ふだい》では、過去の被災経験に基づき、村長が熱意と行動力をもって防潮堤建設に尽力《じんりょく》し、村全体を救った。このことは、まさに減災の手本として称えられる。人類の英知は着実な一歩を刻み続けている。

日本列島の度重なる地震活動によって、日常生活に密接する建造物の耐震強度もしばしば見直され、地震に強い建物が多くなりつつある。しかしながら、地方の行政機関は税収入も限られるため、必ずしも最新の耐震基準を享受《きょうじゅ》しているわけではない。

二〇一六年の熊本地震でも、一九六〇年代に建築された庁舎の被害が大きかった。災害時に大事な司令塔となる公共施設や、避難所となる学校等は、これを契機に耐震補強がすみやかに進んでいくことを期待する。

このように、日本列島では世界に類を見ないほど、随所において減災に向けた取り組みが強力に進められており、建造物などハード面における安全性は年々向上している。国内で発生した過去の地震災害を見ても、同程度の地震規模で比較した場合、被災者数は確実に減少している。人口比で見た場合、被災者になってしまう確率も、年々減少しているのではないだろうか。

しかし、自然災害に遭いたくないのは当然の心理であるにもかかわらず、お金に直結しない地質学や環境科学の教育はおざなりとなった。そうして次第に、自然災害に対して右往左往する人が多くなったような気がする。

これは、教育課程のみならず、実生活で自然と触れ合う機会が減っていることも、無知な状態を助長する一因となっているのではないか。未知であるゆえに、自然災害に対して過度の不安を抱くのは無理もないが、それでは江戸時代の人と何ら変わらない。

この症状は、一般人のみならず、情報を伝えるべきマスコミ関係者、そして高度に専門化し過ぎて視野の狭《せば》まった研究者たちにも蔓延《まんえん》している災害アレルギーとでもいえそうだ。そのため、災害に際しヒステリックな集団心理に陥りやすい環境が整いつつあるのも事実だ。

孫子《そんし》の兵法に従えば、日本国民は、「彼（地震）を知らず己（自分の生活空間の危険度）を知らざれば戦うごとに危うし」といった状況に置かれている。この状況を打破するために、他人任せにせず、自分の身は自分で守れるくらいの減災知識を身に付けることが肝心《かんじん》だ。

それらの知識を習得することで、古来、日本人が持っていた大自然に対する畏敬の念を再認識するであろう。そのうえで近年、長足の進歩を遂げている観測体制やインフラ整備状況に触れ、災害大国ではあるが比較的安全な日本列島に住んでいる事実を実感できるものと期待する。

インターネット減災ツールの進歩

一昔前なら、地震発生の半年後に関連の学会でデータが発表されたり、活断層抽出《ちゅうしゅつ》のための地形判読用空中写真の入手に一ヵ月くらい要したりしていたため、専門家のみが自然災害の検討材料を持っていた。しかし最近では、インターネットの発達に伴って、それらの情報がほぼリアルタイムで発信されるようになり、一般人でも入手可能だ。しかも、使えるツールや情報のほとんどが無料サイトで提供されているから、ありがたい。

特に、気象庁や防災科学技術研究所の震源や初動発震機構解に関するデータベース、あるいはグーグルアースによる空中写真の随時更新などは秀逸《しゅういつ》で、オフィスにいながら被災地の状況を手に取るように把握できる。インターネットを介して入手できた基本情報をうまく組み合わせられれば、バイアスのかかったメディア発表とは違った角度から重要な情報を見つけ出すことも可能だ。

この情報収集スキルが身に付けば、一方的に垂れ流されるマスコミ報道から脱却できる。さらに、不幸にして被災者となった場合には、ストレスの軽減と減災へ向けた各自の判断材料として、これらの情報が抜群の威力を発揮する。

ここで、自然災害をよりよく理解するため、有用性を感じた代表的なサイトを、いくつか紹介する。

これらは熊本地震に限ったサイトではないので、全国どこでも活用できる。活断層型地震が心配な地域にお住まいの人々は、日頃からアクセスして情報収集に励むのも、減災へ向けた着実な一歩となる。

地震に関する情報は、日進月歩で目をみはるばかりだ。

たとえば地震を起こした震源の決定精度などは、これまで誤差が一一キロ程度であったものが、一〇〇分の一の百数十メートル程度に改善された。比較的小さな地震でも、マグニチュードや、岩盤がどのように破壊したかを知ることができるようになった。

これは、気象庁が当初持っていた一六〇ヵ所の観測点が、順次増強されたからだ。特に阪神・淡路大震災以降、地方自治体、国立研究開発法人防災科学技術研究所、そして大学などによる観測点の増設が飛躍的に進み、全国で数千ヵ所にも上る。

この観測点密度の増加は、これまで観測点の隙間に発生した小さな地震の取りこぼしを抑制し、より詳細な震源分布の把握を可能にしている。つまり、これまでは、解像度の悪いブラウン管テレビで地震を観測していたが、フルハイビジョンを通り越して高精細4Kテレビで監視しているようなものだ。

このように高密度の観測体制で国土をカバーできる国は日本以外にはなく、データの量およびその精密さも含めて、世界一なのではないだろうか。

しかも、これら膨大な観測データを多くの人々が検討できるようにした、インターネットを介した共有化が秀逸である。一昔前なら、実際に地震計を管理している研究者や研究機関だけが活用できた種類の情報である。以前でも現象の解釈や論文などはインターネットでアクセス可能であったが、一次データに近い情報（申請次第で一次データにもアクセス可能）を閲覧できるのは画期的である。

現象の把握において、不要なバイアスの掛かった情報は百害あって一利なし。中途半端な「地震の専門家」よりも、ネット上のサーバーのほうが圧倒的に賢く、物知りで、現象を雄弁に語る。そんな世界に誇れるデータを提供する主なサイトは、気象庁や防災科学技術研究所が運営している。

気象庁で提供されている数ある情報のなかで、日本で発生した有感地震（震度一以上）の震源データベースはなかなか素晴らしい。そこでは、震源に関する緯度・経度・深度・マグニチュード・震度データが、過去に遡《さかのぼ》って検索できる。

これらのデータは、人を介して確認したあとネット上にアップされるため、地震発生から二日ほど遅れてデータが閲覧できる。もっとも地震発生後二分くらいで、暫定値も公表されている。しかし、速報値は平面的に一一キロほどの誤差が見込まれ、同じ場所で地震が起きているような錯覚《さっかく》をする。

防災科学技術研究所が運営している地震情報サイトも素晴らしい。様々な地震関連情報が、高感度地震観測網、広帯域地震観測網、強震観測網、および速報性を重視した「AQUAシステム」などを通じて提供されている。

観測データは、コンピュータを使った自動解析が主体となる。高感度地震観測網で得られた震源要素のデータ数は、気象庁が報告している有感地震の千倍くらいの数に達する。また同サイトは防災に関する基礎的な知識も充実しており、減災知識を得たい人にはお勧めだ。「気象庁」あるいは「防災科学技術研究所」と検索エンジンにかけるだけで、すぐに上記のサイトを見つけることができる。

世界の震源分布を知りたいときは、アメリカ地質調査所の検索サイトがお勧めだ。世界中で発生したマグニチュード二・〇以上の地震を、過去にも遡って拾い出すことができる。観測点の関係で、日本国内の震源はアメリカ地質調査所と気象庁では若干ずれが認められる。

地質に関する情報について。地震によってどのような災害が発生するかは、地盤の地質環境が大きく左右する。全国の地質に関する情報は、国立研究開発法人産業技術総合研究所の地質図表示システム（地質図Ｎａｖｉ）が便利だ。このサイトには地質以外の情報も盛り込まれているので、様々な用途に利用可能だ。

また、国土地理院の地理院地図にも多彩な情報が盛り込まれており、役に立つ。

軟弱地盤の分布域は、地震波が増幅される（地盤増幅率）特性を持っており特に注意が必要だ。そんな地盤増幅率を知りたいときには、防災科学技術研究所の「J-SHIS」やパナソニックの地盤増幅率提供サイトがお勧めだ。解析におけるメッシュサイズの影響で必ずしも正確でない部分も見受けられるが、前掲の地質情報と見比べながら地盤増幅率を検討すると精度は上がると思う。

熊本地震を中心に活断層に関する情報についてはどうか。独立行政法人系研究所や大学機関が、熊本地震やその他の活断層に関して、報告書をインターネット上に多数アップしている。これらには、データとともに解釈も載っているから、予算がらみの思惑がいろいろと読み取れて、内情を知っている人には裏事情が見えて面白い。

また、災害の把握には地理情報の解析が必須で、最近はＧＩＳ（Geographic Information System：地理情報システム）が多用される。これは、位置や空間に関する様々な情報を、コンピュータを用いて重ね合わせ、情報の分析をしたり、情報を視覚的に表示させるシステム。活断層の位置をより正確に把握するためには、地形データの入手は必要不可欠である。

そこで、何といっても使い勝手が年々よくなっているグーグルアースは、マストアイテムだ。少し勉強するとデータ・プロットも可能になるからありがたい。

様々なデータを地図上に表現するツールとしては、ハワイ大学の研究者が公表しているＧＭＴ（The Generic Mapping Tools）が使いやすい。多くの研究者やホームページが公表している図の多くは、このソフトウェアで作図されている。プロも使っているこのツールがフリーというのはまったくもって驚きだ。

しかし、このツールは上級者向けなので、習得には少し時間がかかる。が、インターネット上にはたくさんの親切なサイトがあるから安心だ。

火山活動の情報はどうか。この情報も、気象庁のサイトから入手可能だ。登山を計画しているときは、要チェックである。海域の場合は海上保安庁のサイトも有益な情報源となる。世界の火山活動状況を知りたいときには、アメリカ地質調査所やスミソニアン博物館のサイトも面白い。いずれのサイトも、ほぼリアルタイムで情報が入手できる。

どうだろう、誰でもその気になれば世界最高のデータがインターネットを介して入手可能なのが日本という国。これら精密データの取得には膨大な血税が費やされているのはいうまでもない。国民が有効利用して初めて、データ本来の使命が果たせるのではないだろうか。

火山災害に遭遇しないための準備

減災を考えた場合、火山活動は地震活動と違って、いくぶん有利である。なぜならば、発生する場所が固定されているからだ。さらに多くの火山では、噴火活動の前に異常現象が発生する。たとえば、火山性微動の増加、火山性の地震、火山体の膨張、火山ガス成分の変化、火口周辺の熱的異常などだ。

地中深くのマグマや火山ガスが上昇し、地表に出現して溶岩となったり大爆発を起こしたりするためには、通路となる岩盤をバリバリ破壊しなければ火口に辿り着けない。だから、だいたい小さな地震が火山体周辺でたくさん発生し、火山性微動や群発地震として報告される。したがって火山に登るときには、気象庁の火山情報を見てから登るのが減災上ベストな準備となる。

通常、顕著な異常現象がある場合は、噴火警戒レベルが引き上げられて、入山禁止となる。二〇一五年五月二九日に発生した口永良部島《くちのえらぶじま》の爆発的噴火に際しても、適切な対処が迅速《じんそく》になされている。

では、発表された関連機関の見解だけを信じれば済むかといえば、そうはいかない。二〇一四年九月二七日の御嶽山《おんたけさん》や一九九一年六月三日の雲仙普賢岳の噴火で、多数の犠牲者が出たことは周知の事実だ。大事なことは、解釈ではなく現象の基礎データに着目すること。

気象庁の報告によると、御嶽山では、「噴火の約二週間前から火山性地震が増加していた」とある。結果論ではあるが、そのとき警戒レベルが引き上げられて入山禁止になっていたらと誰しも思う。これも、自然現象に対する畏敬の念を忘れたことによる悲劇といえる。

噴火記録が歴史に残っているにもかかわらず、火口から半径二キロ以内にたくさんの山小屋や売店が存在する火山は、異常を察知する感性を研《と》ぎ澄《す》ませないと危険だ。

そもそも火山を象徴する円錐形は、火山爆発に伴って噴石等が直撃する可能性が高い地域であることを既に物語っている。それにもかかわらず、経済活動を優先させるために危険区域が意図的に狭められている活火山が、非常に多い。山頂周辺では、どんな噴火であっても、ただでは済まない。二〇一四年の御嶽山の例は、正にその典型である。

被害を増大させた理由は、危険区域に長期間滞在できる生活空間が確保されていることだ。観光客は、そうした施設があると、安全だと勘違いする。観光を優先させる方針によって被災したのでは割に合わない。入山規制が行われていない富士山で噴火が発生したら、被災者数はとんでもないことになるだろう。登山を計画している人は、入山前に異常現象を要チェックだ。

とはいっても、火山の噴火活動を正確に読み取ることが至難の業《わざ》なのは事実である。一九九一年に、私も大学合同観測班の一員として関わった雲仙普賢岳噴火では、終息宣言が出されたのは、噴火後五年以上経過してからだった。

また阿蘇山では、二〇一三年から現在まで、噴火警戒レベルが二や三の状態で推移している。二〇一五年に阿蘇山の火山活動を心配する人から、噴火警戒レベルの決め方について聞かれ、地方気象台に問い合わせたことがある。噴火レベルの認定は、各火山の噴火スタイルに依存するため、各地方の気象台が主体的に判断するシステムになっている。そして、噴火レベルの引き下げの目安は、噴火前の状態に戻ったあと、一ヵ月が経過してかららしい。ならば、噴火前に異常現象（前兆現象）が発生したら即刻警戒レベルを一段階上げるのが筋。そのうえで、その異常が収まったら、すみやかに警戒レベルをもとに戻すのが普通だ。

二〇一六年一〇月八日に発生した阿蘇中岳の水蒸気爆発でも、前兆現象である小噴火や火山性地震が多発したときには警戒レベルを上げず、噴火が起こったあとで警戒レベルを上げたというのでは、減災という視点からすると、どう考えてもナンセンス。二〇一四年に発生した噴火災害に対する責任を一切感じていない組織なのかと、首をかしげたくなる。こんなことでは、第二、第三の御嶽山噴火災害が発生するのは時間の問題だ。

そんなお粗末な噴火警戒レベルの運用を信用するよりは、実際のデータを確認するほうがよほどましである。とはいえ、地震災害に比べれば、火山噴火は顕著な前兆現象があるから、データを確認して異常が報告されているようなら近づかないことだ。そうすれば被災せずに済む。

「君子危うきに近寄らず」——本書を読みこなせる人なら問題はないだろう。

地震災害の不安の取り除き方

地震災害を正確に予測し、被害を未然に防ぐ、あるいは軽減できるに越したことはない。

そのためには、予測をどのように評価するかがカギとなる。

地震災害予測は、荒唐無稽《こうとうむけい》な都市伝説のようなものから、将来の発展が期待される研究まで、千差万別である。たとえばナマズやウナギの異常行動と地震予知の関係などは、定番の話である。地震雲の話題も最近よく耳にするが、真偽《しんぎ》のほどはいかに。

私的には、プレート境界型の大地震の前に海洋性哺乳類が多量に浜に打ち上げられるという話に信憑性《しんぴょうせい》を感じる。こうした民間伝承的な地震予知に関する話は、力武常次《りきたけつねじ》・山崎良雄《やまざきよしお》著の『地震を探る』という本の解説を読まれたら楽しめると思う。

一方、科学的に思える表現であっても、予測とは程遠いこともしばしばある。たとえば、「二〇一八年九月一日に地震が起きる」という予測が研究機関によって発表されたとしよう。これは、科学的に正しい表現であり、必ず地震が起きるから研究機関は間違っていない。なぜならば、どこで地震が起きるかが文章内で限定されていないからだ。日本だけでも有感地震は毎日一〇回前後発生している。

次はどうだろう――「一ヵ月以内に大きな地震が発生する」という予測だ。これも常に正しい表現となる。なぜならば、「大きな地震」とは、震度三なのか、震度六弱なのかを限定していない文章であるからだ。「大きな」という言葉は、比較対象を限定しない限り、サイズを特定できず、いかようにも言い逃《のが》れの余地が存在する。

最後に、「規模の大きな東南海地震が三〇％の確率で近々発生する可能性がある」という表現は正しいだろうか――これも正しい表現となる。なぜならば、可能性を指摘しているだけで、具体的にいつ起こるかも、どこで起こるかも、特定していないからだ。地質現象において「可能性がある」という表現を科学的に否定するのは不可能に近い。

皆さんには、なんだか屁理屈《へりくつ》に思えることだろう。しかし、注意深く読み返してみると、これら三つの表現は、単なる都市伝説のみならず、一部の行政機関や専門家が好んで使用する常套句《じょうとうく》だということに気付くはずだ。

これらの文章表現は論理的に正しいため、あたかも精密な予測のような体裁がとれ、かつ逃げ道がたくさん用意できる。それゆえ、実効性という点に対して白黒がつかない曖昧《あいまい》なものにするには、とても都合の良い表現方法なのだ。

聡明な読者ならば、論理的に正しくても、これらの表現に具体的な指摘が何一つ含まれていないことを素早く見抜けたであろう。このような結論では、たとえ高額な最先端観測機器を駆使して得られたデータが添付されていようとも、動物の異常行動に基づく予測と結論のレベルは何一つ変わらない。曖昧な結論では、災害時に打つべき次の一手を判断できず、単に被災者数が増加するという悲しい現実に突き当たる。

つまり、現実問題として被災者にならないためには、より具体的な情報を入手する必要があり、各人の状況に応じて個別に軌道修正が必要なのだ。そこで、災害予測の信憑性を読み取り、具体的な判断材料の指針となる、五つのチェックポイントを示そう。

チェックポイント①：どこで地震が発生するのか？
チェックポイント②：どのくらいの地震規模なのか？
チェックポイント③：地震に付随して、どのような種類の災害が、どこで発生するか？
チェックポイント④：地震の収束宣言はいつ出せるか？
チェックポイント⑤：いつ地震が発生するのか？

予測に際しては、それぞれのチェックポイントを単独で成立させても意味はなく、すべて、あるいは少なくとも複数の要件を満たして、初めて減災に有効な予測となり得る。さらに気を付けなければならないことは、各項目がどの程度の誤差範囲を内包しているかということで、大き過ぎても小さ過ぎても有効な予測にならない。

一過性の災害の場合、上記のチェックポイントは、災害発生以前に効力を発揮する。しかし、ある程度の期間にわたって災害が継続する場合は、チェックポイントにしたがって予測を軌道修正しながら、事の成り行きを見守る必要がある。これらのチェックポイントを満足させる情報がそろえば、減災にはかなり有力な手掛かりとなる。

地震が発生する場所の特定方法

日本列島は地震列島であるから、どこにいても揺れを感じるのは当たり前だ。だからといって、「日本列島はどこに住んでいても危険だ」と、短絡的に結論付けてはいけない。

震源で形成された地震波が、地球内部や地表面を揺らしながら立体的に進んでいくのは、池に投げた小石から波紋が広がるのと同じ原理だ。だから、日本列島だけではなく、地球の裏側で発生した地震であっても、高感度の地震計なら検知できてしまう。このことをもって危険だとするならば、もはや地球上に安全な場所はなく、火星への移住を考えたほうが良い。

「大地のように動かない」という表現は、現代の観測技術からいえば誤りで、大地は常に震動しており、時空的に揺れの大きさが変わるという表現が正確だ。つまり、揺れを感じることと被災することを意識的に分けて考えることが重要なのだ。

震源で発生した地震波は、距離に応じて減衰していく。だから、極めて大雑把ではあるが、震源から遠いほど揺れは小さい。このことは、地震発生時の震度分布を見れば、震央から遠ざかるにつれて小さくなっていることで理解できる。

したがって、震源の近傍でない限り、最大震度以下の揺れしか感じない。序章の体験談は正にその好例である。

すなわち、活断層型地震の場合は、震源が上部地殻の断層内に存在するので、断層沿いが最も危険な場所となり、それ以外の地域は、距離に応じて揺れ方が減衰する。耐震強度が十分な建物ならば、断層の直上でない限り、被災のリスクはかなり軽減されるのだ。

そんな被害をもたらすような活断層型地震が日本列島のどこでも発生し得るかというと、必ずしもそうではない。図表12は、気象庁の検索サイトで公表されている一九六〇年一月から二〇一六年三月（熊本地震発生前）までの震源データを整理してプロットした図だ。比較的大きな活断層型地震とその余震域は、ある限られた地域に集中して起こっている様子が見て取れる。

特に密集する地域としては、奄美大島《あまみおおしま》、九州西部、山陰地方、北陸から新潟にかけての日本海側、大阪湾周辺や琵琶湖周辺地域、フォッサマグナに沿った地域、伊豆半島および小笠原諸島、東北地方の内陸部、北部日本海にあたる東北地方と北海道南部の日本海側、北海道の中央部から樺太西岸、釧路周辺の道東地域を挙げることができる。多くの場合、震源は直線的に配列し、活断層との密接な関連が浮き彫りとなる。

つまり、地震が空間的にランダムに発生していないことが容易に読み取れる。

図表12 全国で発生した有感地震（1960年1月〜2016年3月）

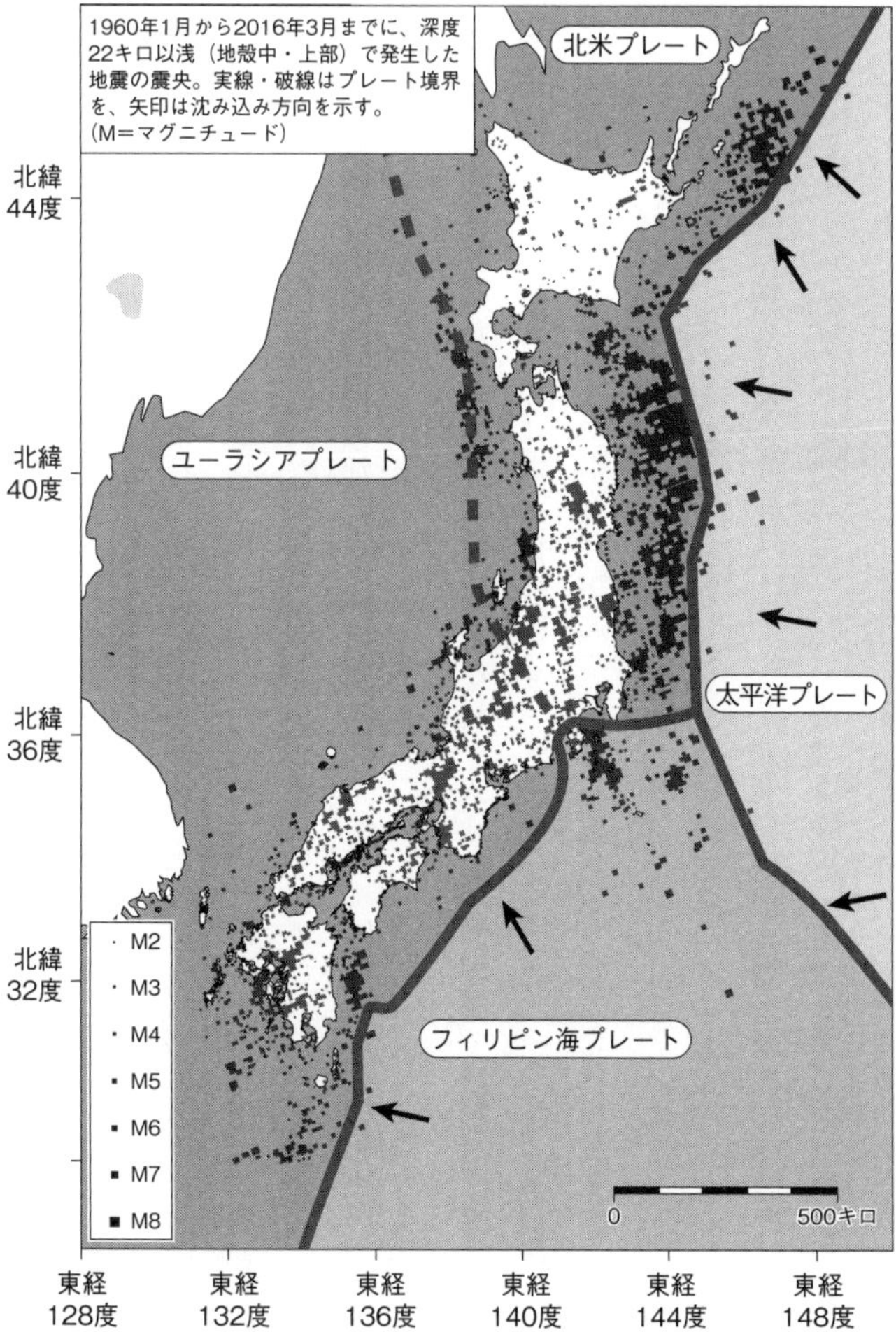

たとえば阪神・淡路大震災では、東北東―西南西に配列する五助橋《ごすけばし》断層、諏訪山断層、須磨断層、野島断層に、本震および余震域が対応する。さらに、同地域において被災程度の大きかった震度七の領域が直線状に点在し、その幅はおよそ一キロだ。

二〇〇五年に発生した福岡県西方沖地震の場合でも、本震から北西―南東方向に余震域が幅五キロ、長さ二〇キロの直線状に分布する。海上で発生したこの地震では、阪神・淡路大震災のように被災状況を平面的な広がりとして捉えることができない。しかしこの地震の恐ろしいところは、余震域の正に延長線上に、活断層として警固《けご》断層が、大都市・福岡の中心に想定されていることだ。

このような直線的な余震域の形態は、過去に起きた活断層型地震では随所に認められ、直線的な余震域が活断層の立体構造を反映するとみなせる。つまり、どこで地震が起こるかは、過去の規模の小さな震源の分布を使って、ある程度目星が付くということだ。

そして、活断層の位置を正確に決めることができれば、そこから五〇〇メートルほど離れるだけで、震度段階一以上の減災効果が見込める可能性が高いということになる。

すなわち活断層型地震の被災範囲は、ピンポイントで推定でき、減災に向けた準備が可能である。もしも、山陰地方や東北地方といった広域を設定しておいて、地震発生予測に成功したといわれても、実際は非被災地が圧倒的な面積を占める。数百キロにもわたる範囲が被災するのは津波が押し寄せたときだけだ。それは活断層型地震災害と分けて考えたほうがよい。

しかし、正確な地震情報に基づいて地震断層を推定するには、震源決定の精度から考えて、半世紀程度が限界のように感じる。ただし、観測期間五〇年程度のデータを基に数千年間隔で発生すると考えられる活断層型地震を評価するのは、時間スケール上、科学的な推定根拠の信憑性が限りなく低くなる。

震源をピンポイントに推定

ありがたいことに、活断層と活断層型地震は一心同体であるから、地質学的に活断層の位置を決定できれば、時間スケールを大幅に稼げる。そうなれば、大きな地震がどこで起こるかは、分かったも同然だ。

そもそも活断層は、最近の地質時代（第四紀：約二六〇万年前～現在）に活動を繰り返し、将来においても活動することが推定される断層と定義される。そして、既に活動を終えてしまった断層は、地質断層と呼ばれる。地球の歴史たる四六億年から考えれば、地質断層が圧倒的に多いことは、容易に想像できる。

そんな活断層の解説において、「断層が動く」と表現する専門家や書籍が跡を絶たないが、破壊のメカニズムをイメージするうえでは不適切な表現だと感じる。

そもそも断層とは、地層や岩盤が外力によって破壊され、破片が元の位置からずれてしまったときに形成される亀裂である。したがって断層は、岩盤や地層の破壊現象の結果であって、「能動的に動く」わけではない。

定義にもあるように、活断層は岩盤の再破壊に伴って、断層面に沿って壊れた岩盤が再動することが重要である。もしも一過性の断層活動なら、将来において同じ場所で地震が繰返される保証はない。地すべりや地盤の液状化に伴って形成された小規模な亀裂は、一過性の単なる地割れと表現するほうがましだ。

岩盤に刻まれた断層面は、物体の弱線となり、そこが再破壊の場として選ばれるのは当たり前の話であろう。だから、活断層には地理的な反復性が生じるのである。

長い年月のあいだ決まった場所で破壊が進むため、断層面をはさんで岩盤が一〇〇年に一回の割合で一メートル程度変位するならば、一〇万年も経過すれば一〇〇〇メートルのズレを生じる計算になる。このようにして、活断層は地形に対して明瞭に直線的な傷跡を刻む。

こうした地形に刻まれた直線的構造は、世界的には「リニエイション」と呼ばれており(日本では「リニアメント」という用語が流布している)、活断層の位置を特定するうえで重要だ。そのようなリニエイションが平野と山地の境界に特徴的に出現することは、地下水や農業資源の項で既に述べた。

横ズレ断層地域に認められる典型的な要素を紹介しよう。地形的な傷跡は、のちの堆積作用によって埋められてしまうため、直接断層面を観察することは難しい。しかし、グーグルアースなどを使って様々な微地形要素（横ズレ谷、段丘崖《だんきゅうがい》のくいちがい、堰《せ》き止《と》め湖など）を洗い出すことは比較的容易だ。

ここで注意しなければならないのは、地形学的に確認されたリニエイションと活断層は、必ずしも一致しないということである。つまり、道路、鉄道、送電線といった人工物や、風、波、氷河といった自然の営力も、見かけ上はリニエイションになる。

最も厄介《やっかい》なのが、地質構造（地層の持っている層理面、岩石の境界、地層の境界が原因となる植生の変化など）に由来するリニエイションだ。特に古傷である地質断層は、成り立ちが同一であるため、識別には現地調査が欠かせない。現在公表されている活断層のなかには、誤認されたまま記入されているリニエイションも少なくないようだ。だから様々な機関で公表されている活断層分布図を鵜呑《うの》みにするのは危険だ。

たとえば、熊本地震の最中に、マグニチュード七・八に達する巨大地震が発生する可能性があると「専門家」に脅され続けた日奈久断層であるが、地形解析や余震域の解析を改めて行ってみると、当該地域には総延長六〇キロにも達するような巨大断層は見当たらない。もしもこの結論が正しければ、八代市や日奈久温泉の人々は、とんだ大迷惑だったと思う。

このように、存在しない大断層が独り歩きしたり、ろくに調査もされずに空白地帯になったりしている場合も少なくない。だからいろいろな機関で公表されている活断層分布図を鵜呑みにするのは危険だ。自分の居住地域が心配な人は、活断層の認定基準に沿って検証すれば安心が得られる。

また、地形図上に現れたリニエイションは認識できるが、平野部など変位量に比して埋積速度が速い地域や火山活動が活発で噴出物による地形変更の激しい地域では、活断層の痕跡が地形的に残らない。さらに、宅地開発が急速に進む平野部や丘陵部では、人工的に証拠が掻き消されて、認識しづらくなってしまう。そうした地下の断層を知るためには、地質学的情報が不可欠となる。

このように、自分の生活圏内に潜む危険箇所は、グーグルアースなどを使ってリニエイションを見つけ出し、地質図Ｎａｖｉで地質構造上の特徴を確認できれば、それなりに目星はつく。そのうえで、公表されている過去の震源データとリニエイションの対応を調べられれば、減災準備はほぼパーフェクトである。

活断層型地震の場合は、どこが震源になるかを予測する術がたくさんある。それもかなりピンポイントで推定できる。そこが、プレート境界型地震に対する予測との決定的な違いである。

プレート境界型地震は面的に発生するため（179ページ図表12の太平洋側の震源分布を参照）、どこでも起こり得る状況にある。そんなプレート境界型地震の安心材料は、活断層型地震に比べて、比較的居住地から遠いところで発生してくれることだ。同程度のマグニチュードなら建物の真下に地割れが起こることもなく、被害が比較的小さく済む。

地震の大きさを測る方法

176ページのチェックポイント①で、地形図上やグーグルアース上で活断層と思われるリニエイションが認識できたら、次はその長さを測る。長さが長いほど危険性の大きな活断層となる。

一九七五年に発表された松田式は、地震のマグニチュードと活断層の長さ、および変位量の関係を明らかにした。この式は、過去に発生した活断層型地震を整理して、帰納法的に経験則として求められたものである。

詳しい計算法は省略するが、たとえば、長さが八〇キロの活断層なら、マグニチュードは八となり、変位量は六メートルと計算される。同様に、長さが二〇キロの活断層ならば、マグニチュードは七で、変位量は一・五メートルといった具合だ。

この式の問題点は、活断層の長さをどのように定義するかである。日奈久断層の例では、総延長六〇キロに達する一本の断層とみなした場合、マグニチュードは七・八と計算されるが、セグメント化された断層とみなす場合、六・五未満になってしまう。

マグニチュードの差は、一見するとささやかな違いに見えるが、この場合の地震による破壊力の差は約九〇倍に達する。このような大きな破壊力の差があれば、減災に向けて必要とされるお金も、同じくらい違ってくるであろう。

この式は、活用する側の意図に応じて変化する難点を持っている。つまり、地震災害を誇張したい人たちは、一本の長い活断層として表現する傾向にある。一方、原発設置基準などで同式を活用する人々は、好んで活断層を切れ切れにセグメント化しているようにも見える。より客観的な観点での長さの認定が、今後必要となってくるであろう。

とはいっても、どの程度大きな地震が起こり得るかという大雑把な情報も何とか入手でき、チェックポント②も通過できる。

地震で想定される災害の種類は

活断層型地震の場合、震源が帰属する活断層の直上で最も被害が大きいことは、既に述べた。しかし、活断層からの距離だけで震度の平面分布が決まっているわけではない。距離と同様に、どのような素性の地盤なのかも重要だ。

さらには、建物が建っている場所の地形（平面・斜面・山地・河川）も考慮しなければならない。つまり、平地で揺すられるよりは坂道で揺すられたほうが容易に転んでしまうことを考えれば、分かりやすいであろう。

被害要因の相互関係は、足し算というよりも掛け算に近い印象だ。たとえていうなら、次のようなイメージだ。


被害状況＝（地盤の状態×地面の傾斜）／（震源からの距離）

ここで最も注意を払う必要があるのは、滞在時間の長い生活空間や職場周辺に関する情報。このイメージは、構造物が等しければという前提だから、基礎工事、設計震度、築年数に応じて変化するのは当然である。

震源で発生した地震波は、まず地殻を構成する様々な物質に伝播《でんぱ》していく。媒体としては、硬い岩盤もあれば柔らかい堆積物など様々だ。

一般に波は、硬い物質では速く進み、柔らかい物質では遅くなる。そのため、震源で形成された地震波が地表の柔らかい物質に到達すると速度が遅くなる代わりに、振幅が増大する。イメージとしては、波高（つまり振幅）の小さな沖合のうねりが、浜辺の浅瀬に近づくにつれて大きくなる現象を想像すると、何となく分かる。結果として軟弱地盤地域では、硬い岩盤地域に比べて、震源から等距離であったとしても揺れは大きくなる。

さらに活断層型地震の場合、地表に到達した実体波のあとに、振幅が大きく長時間継続する表面波を伴うことが多い。

地盤の性質によって、どれだけ揺れが違うのかを知るには、地盤増幅率を調べればよい。防災科学技術研究所の「J-SHIS」や、パナソニックの地盤増幅率提供サイトから、簡単に情報を入手できる。それらの数値を勘案《かんあん》して耐震設計にお金の掛け方を反映するのも、減災に役立つのだ。

ここで、軟弱地盤のなかでも、水分を多く含む土地は簡単に液状化してしまうので、注意が必要だ。地盤の液状化とは、地震動によって砂粒が振動し、隙間を埋めていた水などが分離し、地盤自体が流動性を持ってしまう現象である。

一九六四年に発生した新潟地震では、河岸や砂丘地に建設されたビルが横倒しになり、「地震による液状化現象」という言葉が一般人にも定着した。堆積層の液状化は、構造物の基礎部分に大きな被害（不等沈下、噴砂、地盤沈下、抜け上がりなど）をもたらすため、道路や橋の崩壊、家屋やビルの倒壊、そして地下に埋設されたインフラの破壊がおこる。

一般的には、最終氷期以降に堆積した沖積層が軟弱地盤とされ、液状化しやすいと考えられている。なかでも水を多く含有できる砂や小礫からなる地層は要注意で、砂丘、自然堤防、扇状地や埋め立て地がそれに相当する。そうした地層のなかで、常時水分を豊富に含む帯水層が地下一〇メートルよりも浅いところにある場合は、特に注意が必要である。

平地の地盤増幅率が低い岩盤地帯で地下水脈がないような場所なら完璧で、ニューヨークが条件に合う。一方、対象地域が斜面で、地盤増幅率が高く、帯水層が一〇メートルよりも浅ければ、万全の地震対策を施工することを勧める。

このように、176ページのチェックポイント③に関しても、日本は、現状で多くの情報を入手できる状況にあり、個人として地盤に合った減災の備えを十分に検討できる。

地震の収束宣言はいつ出せるか

地震災害でも火山災害でも同じだが、意外と難しいのが終わりを見極めることだ。噴火や地震の予測は不可能だが、いつ始まったかは誰でもわかる。しかし、いつ終わるかという推定も、いつ始まるかと同じぐらいに難しい。

地震や火山災害の終わり方の表現方法には、「終息」と「収束」の二つの言葉を使い分ける必要がある。この言葉は、一般的な言葉であり、何も災害に限った話ではない。

終息は、読んで字のごとく「完全に終わった状態」だ。したがって、災害の終息宣言は、一連の活動が終了して、災害以前の状況に戻るときと解釈される。

一方、収束は、活発な活動が「あらかた収まった状態」と解釈できる。災害における厳密な定義はないようなので、本書では地震災害の場合、被害をもたらす大きな活動が落ち着いてきた時点をもって収束とする。なので、収束宣言は、「多少普段とは違った状況ではあるが、さらなる被災の心配が去った時点」と考えてはどうだろう。

収束宣言が遅れても実質的に不便がないと思っているのは、非被災者の人々だけだ。少しイメージを膨らませれば理解できると思うが、地震の収束宣言は、日常生活を破壊する恐怖からの解放を意味する。つまり被災者は、大災害によって心的外傷を既に負っている。収束宣言が出なければ、ちょっとしたことでトラウマが蘇《よみがえ》る。

そんなことも理解できずに、いつまでも根拠のない発言や単なる可能性を繰り返す報道や研究者に、多くの被災者は憤《いきどお》りを感じている。

さらに、収束宣言が出るまでは、全国放送で地震災害の悲惨さのみが過度に強調される。そのため観光地では、いつまでも悲惨さを演出する報道や無責任な思い付き発言をするハゲタカ研究者によって風評被害が深刻化し、長期化する。

風評被害によって不必要な経済損失に見舞われる可能性は、全国どこでも同じだ。全国の温泉地は活断層地帯にあり、火山地帯であることも多いことから、対岸の火事ではなく、明日は我が身の状況にある。

この原稿を書いているときに、北海道の温泉地で震度六弱の地震が発生した。東京のテレビ局による電話取材に答えた旅館の主は、地震による被害を期待している放送局の意図に反して、「まったく問題ありません」と一貫した答えを朗《ほが》らかに語っていた。それを見ながら、私は「グッドジョブ！」と心のなかで叫んだ。観光地は、マスコミに付け込まれるスキを与えないのが、風評被害を避ける最善策である。

昔は高精度地震計や観測網がなかったため、地震活動の推移は、一日当たりの有感地震の発生回数で検討されてきた。一般に地震は、大きな地震（本震）が一回発生したあと、それよりも小さな地震（余震）が多数発生し、その数は時間とともに急激に減ることが知られている。

この傾向を初めて公式化し一般化したのが大森房吉《おおもりふさきち》先生で、いまから一二〇年以上前の一八九四年だ。この関係は、その後に発生した大地震でも成立し、宇津徳治《うつとくじ》先生によってより精細にまとめられ、一九五七年に「改良大森公式」となった。

このように、本震発生とその後の余震発生回数には、明瞭な規則性が認められており、決してランダムというわけではない。

公式に従うと、余震の発生回数は、本震発生からの経過日数分の一程度に減少していく。つまり、二日で半分、一〇日で一〇分の一、そして一〇〇日経てば一〇〇分の一といった感じだ。そして、本震発生以前の状態に戻った時点で終息となる。だから、本震発生後、ある程度の期間にデータが蓄積されれば、地震活動の終息日を簡単に計算で求められる。

地震活動の推移を表現する場合、一般に縦軸に発生回数、横軸に経過時間を取ったグラフが多用される。このグラフにおいて、経過時間に伴う余震回数の減少は、スキーのジャンプ台を横から見たような傾向を示す。すべての地震が、単純な本震―余震パターンというわけではなく、大小様々なジャンプ台が横に連結したような地震活動もしばしば発生する。

地震学の教科書では、地震活動を三つの類型に分類している。すなわち「本震―余震型」「前震―本震―余震型」「群発地震型」である（図表13）。

多くの地震は、スキーのジャンプ台が一つしかない「本震―余震型」である。しかし、なかにはある程度時間が経過してから、小さめのジャンプ台が出現する場合もある。

「前震―本震―余震型」は、「本震―余震型」が二つ連結したような地震活動で、最初よりも二番目に発生した本震の規模が大きい。つまり、大きめのジャンプ台のあとに、さらに大きなジャンプ台が接続するパターンだ。このケースでは、最初に発生した「本震」は、後に「前震」と改められる。ちなみに、「前震」という表現は、日本固有の表現ではなく、ちゃん

図表13　地震活動の三つの類型

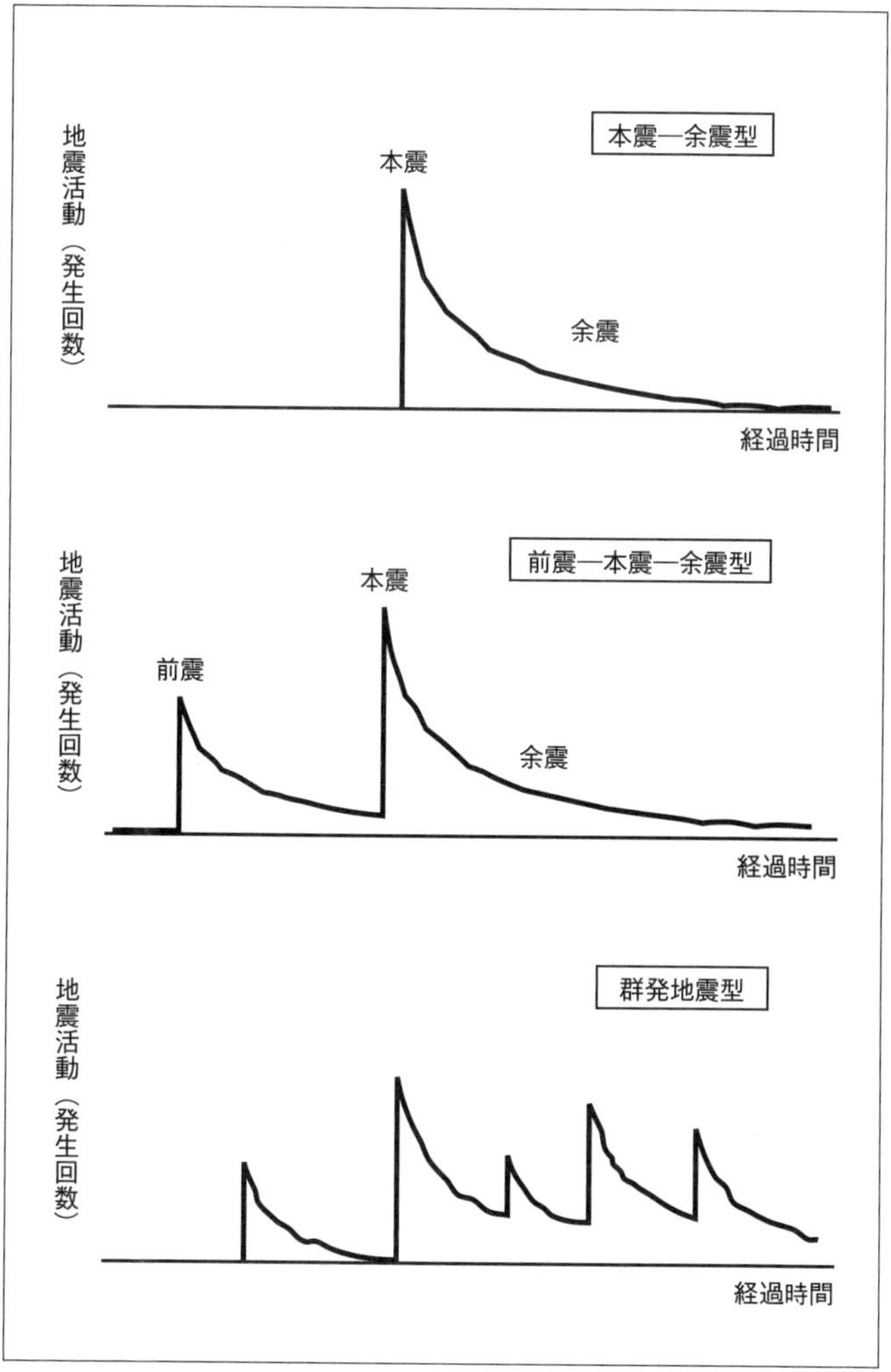

と英語で「フォアショック（foreshock）」という。

この「前震—本震—余震型」は、国内で二一例ぐらい確認されており、阪神・淡路大震災や東日本大震災もこのタイプに属する。さらに、環太平洋で発生するマグニチュード六・五を超えるプレート境界型地震の半数は「前震—本震—余震型」に分類されるとする論文もある。

前震と本震のあいだに見られる時間は、阪神・淡路大震災では一一時間で、マグニチュード三・三の前震が発生した。東日本大震災では二日間で、マグニチュード七・三の前震が発生した。熊本地震も「前震—本震—余震型」であり、前震は本震の二八時間前に発生している。さらに、二〇一六年一〇月二一日に発生した鳥取県中部の地震でも、二時間前に前震と見られる地震が発生した。このように、大きめの地震のあとに、さらに大きな地震が発生する現象が確認されている。

最後は、本震—余震からなる基本パターンがいくつも連結したような地震のタイプで、「群発地震型」と呼ばれている。地震のピークは必ずしも大きくなく、マグニチュードは五前後が最大である。一九六五年八月に始まった長野県の松代で観測された群発地震では、一九七〇年末までに、有感地震が六四万八〇〇〇回余りに達した。群発地震は、地下における岩盤自体の単なる破壊現象というよりも、マグマや熱水の上昇に起因している。

つまり、これらのパターンに当てはめれば、地震活動の推移に、ある程度見当をつけることができる。過去において内陸や沿岸部で発生した、新潟中越地震、岩手・宮城内陸地震、阪神・淡路大震災など、いずれも一ヵ月程度で余震回数が頭打ちになっている。さらにいえば、総余震回数の八割前後が最初の一週間に集中する。これは正に公式通り！

そう考えると、「前震―本震―余震型」の発生も加味して、本震発生から二週間は厳重警戒であるが、その期間に余震が公式通りの減少傾向を示すのならば、地震は収束していると考えるほうがよほど合理的に思える。

このように、余震活動の推移をきっちりとモニターすれば、収束および終息の時期に見当をつけることができ、176ページのチェックポイント④もめでたくクリアーだ。

ところで、過去に発生した大地震の余震回数の総和と地震の規模を示すマグニチュードに相関がないことにお気付きだろうか。

岩盤の破壊現象によってもたらされた局所的なアンバランスを解消するために、余震は起こる。だから本来なら、余震回数は、マグニチュードの大きさに比例して多くなっているほうが物理的にしっくりくる。だが、この物理的違和感は、実に簡単な説明で片が付く。つまり、年々進化してきた観測網の充実が、これまで検知しきれなかった地震の取りこぼしを減らしているからにほかならない。

同程度の地震なら、観測点密度の高い最新の時期や地域が圧倒的に有利で、余震回数が見かけ上多くなるのは当然の帰結。それほど回数自体の多寡《たか》は些末《さまつ》な問題で、もはや地震発生メカニズムの解明にとって重要度は低い。

地震の発生回数というのはかなりの曲者《くせもの》で、皆さんもここ数年テレビに映し出される地震発生のテロップが多くなったように感じていることだろう。このテロップに映し出される回数の増加原因も、やはり、単に観測網の充実である。だから、実際に発生する地震の回数を、単純に過去のデータと比較するだけで論じるのは浅はかな行為だ。

マグニチュードベースで検証した場合、「ここ数十年間に日本で発生した中〜大型地震はほぼ一定」という報告すらある。

地震の発生回数の増減に一喜一憂する専門家や、それを鵜呑《うの》みにするマスコミはたくさんいるが、単に回数の増減をもって地震が活動期に入ったなどと結論付けるのは短絡的である。

地震発生の時期を特定できるか

地震発生を予測するには、潜伏期間のはっきりした前兆現象を押さえるか、比較的はっきりとした周期性をつかむかのどちらかである。

これまで提案されている動物の異常行動は、地震発生までの期間が確定されていないため、なかなか定量的な議論にならない。福岡県西方沖地震のケースでは、地震発生前に地下水位の異常が認められることを報告しているが、一般性は不明である。

周期性をつかむ方法としては、古文書を使って地震イベントを洗い出す方法と、活断層の直上に大きな溝（トレンチ）を掘って推定する方法がある。いずれにしても、データが完全に残っているとは限らないため、周期性の誤差範囲は想像以上に大きい。

熊本地震においても、立田山断層、布田川断層、日奈久断層のいずれも、トレンチ調査では数千年間隔と推定されている。二〇一六年の地震がその数千年目とは、とても思えない。トレンチ調査で出てくる発生間隔は、数千年に一度という記載が多く、年代測定の精度や記録の連続性に問題があると思う。

つまり地震が発生したからといって、断層上のすべての地点に同じ変位量が刻まれるとは限らないからだ。そんな間引かれた痕跡を基にはじき出された周期性は、間延びしてしまうのも当然だ。それゆえ古文書の記載と比べてみると、数百倍程度、発生間隔が長くなっている。一九九五年以降の活断層型地震の発生件数を見ると、数千年などという長い間隔の妥当性が疑われる。

このように、地震がいつ起こるのかという問題は、いまだに解決されていない。今後も劇的な発想の転換がなされなければ厳しい状況にある。したがって、地震発生の未来予測を確率表示することの意味は理解不能だ。

残念ながら、176ページのチェックポイント⑤だけは、現状で解決策が見当たらない。しかし、占い師のような話を信じるよりも、チェックポイント①〜④を真面目に検討すれば、減災効果は絶大だ。つまり解釈ではなく、正確な元情報を参照できれば、堅実に自分の身を自分で守れる状況に、日本はある。

東南海地震は本当に起こるのか

過去において熊本では、多くの情報が熊本地震発生の可能性を示唆《しさ》していた。それなのに、地震の空白域として片付けられていたのはなぜなのだろうか――それは、東南海地震の発生に関与した研究者やマスコミが、同地域の地震発生の危険性を強調し過ぎたことが原因の一端を担っているのではないだろうか。

つまり、それ以外の地域は、安心だと誤解させてしまった無作為の罪に等しいと思う。

南海トラフ周辺が比較的地震の少ない地域で、地震の空白域だから危ないと早合点する人も多いだろう。しかしながら、これまで活断層型地震で実際に被害が発生した地域は、地震の空白域ではなく、小さな地震が多発する地帯であったことが読み取れる。その好例が、九州中央部の熊本地震だ。

それでは、東南海地震が帰属するプレート境界型地震はどうだろう。フィリピン海プレートが北西方向にユーラシアプレートの下に沈み込む琉球海溝周辺では、鹿児島県、宮崎県、大分県周辺に震源が密集する。太平洋プレートが西に向かってフィリピン海プレートの下に沈み込む伊豆・小笠原諸島では、その北部にのみ震源が認められる。

太平洋プレートが西から北西に向かって北米プレートの下に沈み込む、関東から東北を通って北海道につながる太平洋側には、広い範囲にわたって震源密集地帯が存在する。これは、東日本大震災で発生した余震域が広範囲に広がっていることの表れでもあるが、二〇一一年三月以前のデータに限定しても、震源分布密度はかなり高い。やはり活断層型地震と同様に、震源密集地帯と被災地震が密接に関連しているとみなせる。

東南海地震が強調され始めた一九九八年以降に、被災地震が発生している箇所は、いずれも過去において震源分布が認められる地域だ。地震の空白域ではない。その傾向は、プレート境界型地震でも活断層型地震でも同じだということがお分かりいただけるだろう。

東南海地震が想定されていた地域以外で亡くなられた方々や、行方不明になられた方々の総数は、一九九八年以降で、実に二万二一三六名に達する。この数に、熊本地震で直接亡くなられた方々や関連死された方々の約一四〇名が新たに加わる。

地震の発生確率が高いとされる地域では被害が出ずに、地震発生率がほぼゼロパーセントとされた地域でこれだけの死者が出ていることは、行政・研究者・マスコミが重く受け止めなければならない現実ではないだろうか。たとえ今後、東南海地域で地震が発生したとしても、過去の死者に対する免罪符にはならないことを、真摯《しんし》に受け止めてほしいものだ。

そう思っているさなか、一般的な方向性は真逆に舵《かじ》がとられ、最近では東南海地域だけでは被害が出ないかもしれないと悟ったのか、関東や日向灘まで対象エリアとして組み込み始めた。まったくもって、多数決の論理そのものだ。これでは減災に向けたチェックポイント①すら満足にできない。

この対応は本末転倒の極《きわ》みであり、根本的に方針を見直す必要性を感じる。さもなければ、死者数が増加するだけではなく、個人の財産や国家財政に対して、膨大な損害を与えかねない。政府は、国家財政をこれ以上圧迫するこのような防災方針を、いつまで野放しにしておくのだろうか。日本の行く末が心配でならない。

このように、巷《ちまた》に流布《るふ》される防災情報には、かなりバイアスがかかっている。そんな状況下における安全神話が意味をなさないことは、「原発ムラ」を例に出すまでもなく、国民の多くが懲《こ》り懲《ご》りしているはず。

自分の身は自分で守る時代への突入なのかもしれない。

第七章　予測可能だった熊本地震

地震の空白域に巨大地震はない

熊本地震は、想定外の異例の地震としてテレビや新聞紙面を飾ることが多い。果たしてそれは事実なのだろうか?

前章で紹介したチェックポイントを、実際の熊本地震に当てはめて考えてみることにする。そこから見えてきたことは、熊本地震は何ら複雑なことではなく、昔から与えられている情報通りに地震活動が推移しているという点だ。

つまり、熊本地震は教科書通りで、176ページのチェックポイント①~④がとても分かりやすい。そのうえで、過去の予測が有益であったことも立証された。残念なことは、チェックポイント⑤を検証することは依然できなかった。この点は、専門家が今後まじめに研究することを期待するしかない。

四月一四日の前震発生当初、解説者として登場した研究者やマスコミは、こぞって「地震のない熊本県で、なぜ震度七の地震が?」といった表現を多用した。熊本在住の私としては、数ヵ月に一回くらいは、「ドシーン」と鳴るだけの小さな地震を多数経験していたので、生まれ故郷の新潟県と比較しても、少ないという意識はなかった。さりとて、大きな地震が頻発する地域でもないとは思っていた。

図表14 九州で発生した有感地震（1960年1月〜2016年3月）

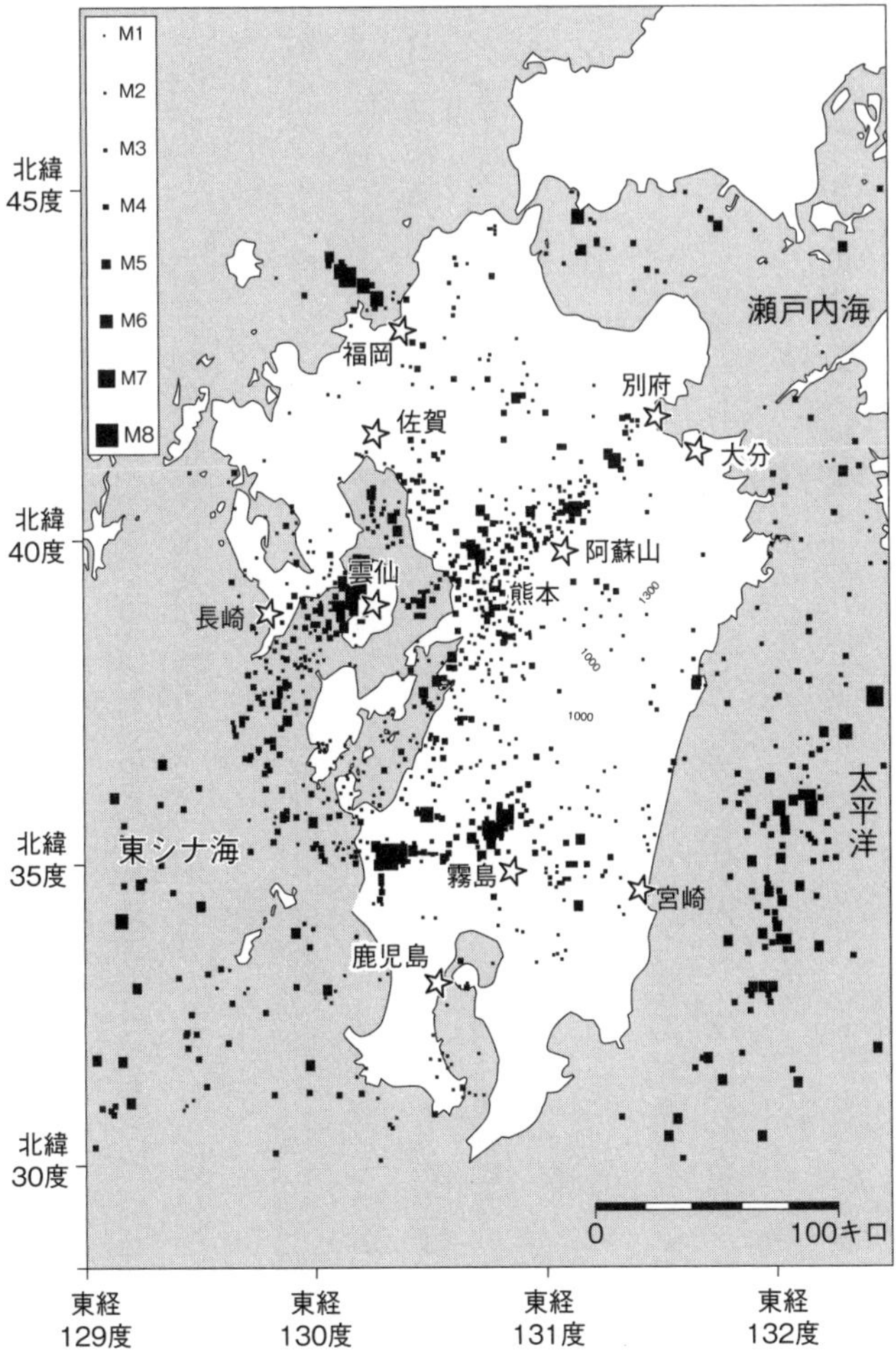

立田山断層、布田川断層、日奈久断層の存在はもちろんのこと、二〇〇〇年や二〇〇五年に比較的大きな地震（震度五弱）が発生していたこと、さらには一八八九年（明治二二年）に、立田山断層沿いの熊本市内で被害があったことも、知識としては知っていた。だから、「地震の発生しない空白地域に巨大地震が発生」という決まり文句には、強い違和感を覚えた。

気象庁のデータ検索サイトから、日本で発生した震度一以上の地震データを、一九六〇年までさかのぼって現在に至るまでダウンロードした。そして、一九六〇年一月から二〇一六年三月までのあいだに、九州の上部地殻内（深度二二キロ以浅）で発生した震源を地図上にプロットしてみると、二〇一六年に発生した熊本地震の前震・本震・余震域が、過去において小さな地震を頻発していた地域と重なることがわかる（前ページの図表14）。

この結果は、日頃、熊本平野の地震活動に抱いていた印象と何ら変わらない。熊本地震は、起こるべくして起きたような気がする（チェックポイント①：場所の特定）。いつから熊本が「地震の空白地域」に仕立て上げられてしまったのかは、既に述べた。

熊本地震予測を的中させた調査

地震活動の情報源として提示した地震調査研究推進本部は、一九九五年に発生した阪神・

図表15　横ズレ断層が作り出す地形（熊本県上益城郡益城町上陳堂園）

淡路大震災を教訓に立法化された地震防災対策特別措置法のもと、文部科学省に設置された特別機関である。この機関では、補助金を使って活断層等の調査を積極的に推進している。

熊本県は、同機関の一九九五年度補助金を使って、布田川断層帯と立田山断層の調査を実施し、一九九七年度には日奈久断層の調査も完了している。これらは、当時、熊本大学に在籍していた松田時彦先生や立田山断層の発見者である渡辺一徳先生が中心となって進めた調査である。

そのときの活断層調査報告書は、現在でも地震調査研究推進本部のサイトで閲覧可能である。これらの報告書のなかで注目すべき点は、熊本地震を予見していたかのような結論が書かれていることだ。

たとえば立田山断層に関しては、「明治二二年の熊本地震のような、地形変位をともなわない（小さい）規模の地震については、本調査では考慮していない」とした。二〇一六年の熊本地震でも、同断層沿いに地形変化を及ぼすほどの地震には至っていないが、余震活動は活発だった。

布田川断層に関しては、「横ずれ変位で（中略）一回当たりの変位量が二メートル前後とみなした。また、この断層変位量から推定される地震規模は、松田式によるとマグニチュード＝七・二となる」としている。

これは、熊本地震で発生した布田川断層帯の本震の規模（マグニチュード七・三）と変位量（堂園で変位量二メートル：前ページの図表15）を見事に的中させていて、原文を再確認したときには、鳥肌が立った。

さらに、一九九七年の日奈久断層調査の結果では、「断層の長さが六〇キロから、松田式に代入してマグニチュードはおよそ七・八程度である」とあって、ここからが最も重要な記述だが、「しかしながら、複数のセグメントに分割して活動する可能性が強いことから、各セグメントの長さに応じて地震の規模が異なるものと推察され」とある。

つまり、「日奈久断層は一本の長い断層ではなく、切れ切れの断層だから、そんなに大きなマグニチュードにはならない」ということを指摘しているのだ。この点に関しても、私の解析結果と調和的となった。松田先生の非凡さを改めて思い知らされた。

このように、熊本平野周辺に大きな地震が発生する可能性は、一九九七年の時点で具体的に指摘されていた。これだけではない、二〇一一年三月には、熊本市の政策局危機管理防災総室が、「熊本市地震ハザードマップ」を二種類公表した。一つは「揺れやすさマップ（震度）」であり、もう一つは「地域危険度マップ（建物全壊率）」である。

この二枚に示されているシミュレーション結果は、二〇一六年の地震被害をかなりの精度で予測できていたとみなせる。これらの情報が周知徹底されていたなら、減災に役立っていたであろう。チェックポイント②も予想通りの展開となる。

被災地の分布が饒舌に語るもの

熊本平野周辺地域に関する詳細な地質図は、熊本県地質調査業協会によって報告されており（二〇〇三年）、詳しく分かっている。２０９ページの図表16に、その地質図を簡略化し、前掲の一九九五年と一九九七年の活断層調査で推定されているリニエイションや断層、それに熊本地震の前震および本震の震央位置を併せて示した。また、主な被災地は×印で表してある。

一般には、布田川断層帯と日奈久断層帯という言葉で代表されていたが、詳しくは立田山断層、木山断層、北甘木《きたあまぎ》断層（図表16の本震南の破線）など、マスコミに登場しない活断層群が、二〇一六年の地震では熊本平野に壊滅的な打撃を与えた。

これらの断層名は、大学の紀要や研究報告など、地震学会とは直接関係ないところで公表されている論文だから注目度は低い。だからといって情報がいい加減だというわけではなく、伏在断層である木山断層は地球物理学的および地質学的調査によって証拠が挙げられており、立田山断層や北甘木断層も同様である。こうした地道な地域地質の情報は、改めて見直すと、重要なヒントが隠されているから素晴らしい。

前震と本震で二度の震度七を経験した益城町は、木山断層直上の町である。また、熊本平野における被害地域は、実線で示した木山断層上の幅一キロの範囲に集中する。この状況は、阪神・淡路大震災と酷似《こくじ》する。布田川断層や日奈久断層の北部でも、実際に多くの被害が発生しており、その点はマスコミ報道と同じである。

熊本は地下水が豊富な地域であり、広い範囲で湧水が確認できる。既にチェックポイント③で解説したように、帯水層は地震によって液状化する危険な地層である。そんな砂礫層からなる地層としては、低位段丘面を成す保田窪《ほたくぼ》段丘堆積物、旧白川の自然堤防堆積物、そして有明海に面した干拓地が挙げられる。特に保田窪段丘堆積物は、多くの箇所で湧水が地層

図表16　熊本平野の地質と活断層

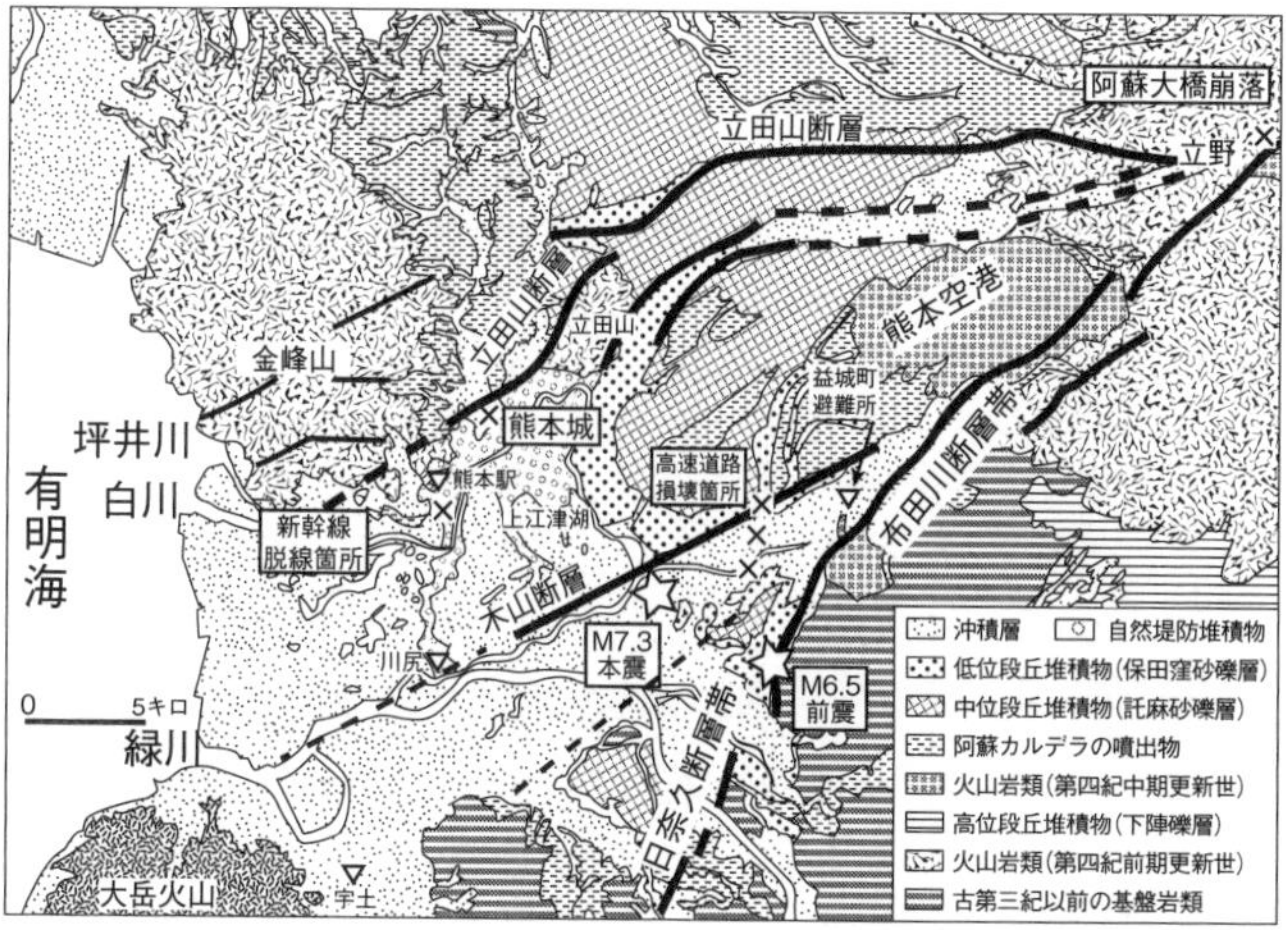

＊出所：熊本県地質調査業協会

下部から湧き出しており、水前寺《すいぜんじ》公園や江津《えづ》湖をはじめ、秋津川の水源となっている。

熊本地震で大きな被害が出た益城町役場周辺の県道二八号線沿いは、この保田窪段丘堆積物が分布する地域の真上に当たる。さらに、秋津川流域は、伏在断層である木山断層と重なる。つまり、県道二八号線沿いの熊本市や益城町の被害が大きかった理由は、①震源断層である木山断層の直上であったこと、②帯水層であった保田窪段丘堆積物が流動しやすかったこと、③保田窪段丘堆積物の分布域が緩やかな斜面であったことが重なったためと解釈される。

保田窪段丘堆積物は熊本市内に広く分布しているため、秋津川沿いのみならず市内の広い範囲でも大きな揺れが襲って、壁に亀裂の入ったビルや、座屈によって潰れたビルを生んだ。市内のど真ん中にある我が家の近くの墓石も、相当数が倒壊しており、地質環境との対応関係を実感させられた。

地震発生直後に、益城町でも、液状化に伴う抜け上がり（図表17）が多数観察されたが、そのような報告をする研究者は、当時いなかった。液状化の調査は、教科書的に沖積層が分布する熊本平野西部が主な調査対象であった。地下水に富む段丘堆積物は、熊本以外には富山県くらいであろうから無理もない。

もっとも一～二ヵ月経過した時点で報告された液状化地帯の全容は、埋め立て地や自然堤防など予想通りの展開となった。さらに驚いたことに、図表16に破線で示した木山断層の西方延長に沿って液状化しているのである。

一方、布田川断層のすぐ北に位置し、震央から五キロ程度の距離しか離れていない熊本空港は、倍以上も震央から離れている九州新幹線や九州自動車道に先駆けて、本震の三日後には再開を果たした。空港ターミナルが一部損壊したものの、滑走路が離着陸に支障がなかったからだ。

熊本空港の滑走路が被災から免れたのは、その地域が厚さ一〇〇メートルにも及ぶ一枚の巨大な溶岩台地（高遊原《たかゆうばる》溶岩）であったからだ。幅三・五キロ、長さ八・五キロ、厚さ一〇〇メートルにも達する自然の「巨大基礎工事」が、滑走路を地震の破壊から守ったといえる。もっとも、当の溶岩流を噴出した大峰山は脆弱な火砕丘（伊豆半島の大室山《おおむろやま》のような）であったため、一部が破壊され、阿蘇地域への重要な幹線道路が寸断された。

熊本平野の北西部には、第四紀火山である金峰山《きんぽうざん》が存在し、そして南西部の宇土半島の付け根には、同じく第四紀火山の大岳が存在する。不思議なことに、両火山の地下は震源がほとんどプロットされない「地震の空白域」となっている。

同様の傾向は、阿蘇カルデラ中央火口丘群直下にも認められる。この地震の空白域では、まだ完全に固結していないマグマ溜が変形できるため、破壊現象が起こらないと想像する。

図表17　益城町で発生した地盤の液状化被害

このように書くと、地震によって火山噴火が誘発されると心配する人が多い。しかし、火山体直下に推定されるマグマ溜の規模が、火山の直径ぐらいはあると考えられており、地震の発生しない領域（直径約一〇キロ）に対応する。本震における横ズレ断層の変位量が二メートル程度であるから、変化は直径の五〇〇〇分の一にしかならない。柔軟性のある風船を五〇〇〇分の一程度変形させても割

れないのと同じ原理だ。

このように、地質環境は明瞭に被災状況と対応する。既存の地質情報を活用すれば、チェックポイント③を難なくクリアできていたことが分かると思う。詳細な地質情報に基づいて基礎工事をしっかり行い、耐震補強を心がければ、安心度は倍増だ。

とてもシンプルな熊本地震の構造

不幸にして大きな地震が発生してしまった熊本平野ではあるが、余震の震源域と活断層の関係を詳細に調べる絶好のチャンスでもある。これらの解析は、今後の地震活動の推移や遠い未来に発生する地震予知の基礎資料としては重要である。

既に述べたように、震源情報（震源位置や初動発震機構解など）は、多くの機関によって日々更新されているので、利用可能だ。門外漢ながら、これらのデータを使って熊本地震の解析を試みると、様々な特徴が浮き彫りとなった。

活断層型地震は、余震域が断層面に沿って配列することが期待される。つまり、地殻内部でどのように破壊が進んでいるのか、空間的に、あるいは時系列的にイメージすることが可能だ。

阪神・淡路大震災当時の一九九五年に、熊本県内には気象庁が管轄する一二ヵ所の地震観

図表18　日奈久断層帯に沿う前震の余震域（有感地震）

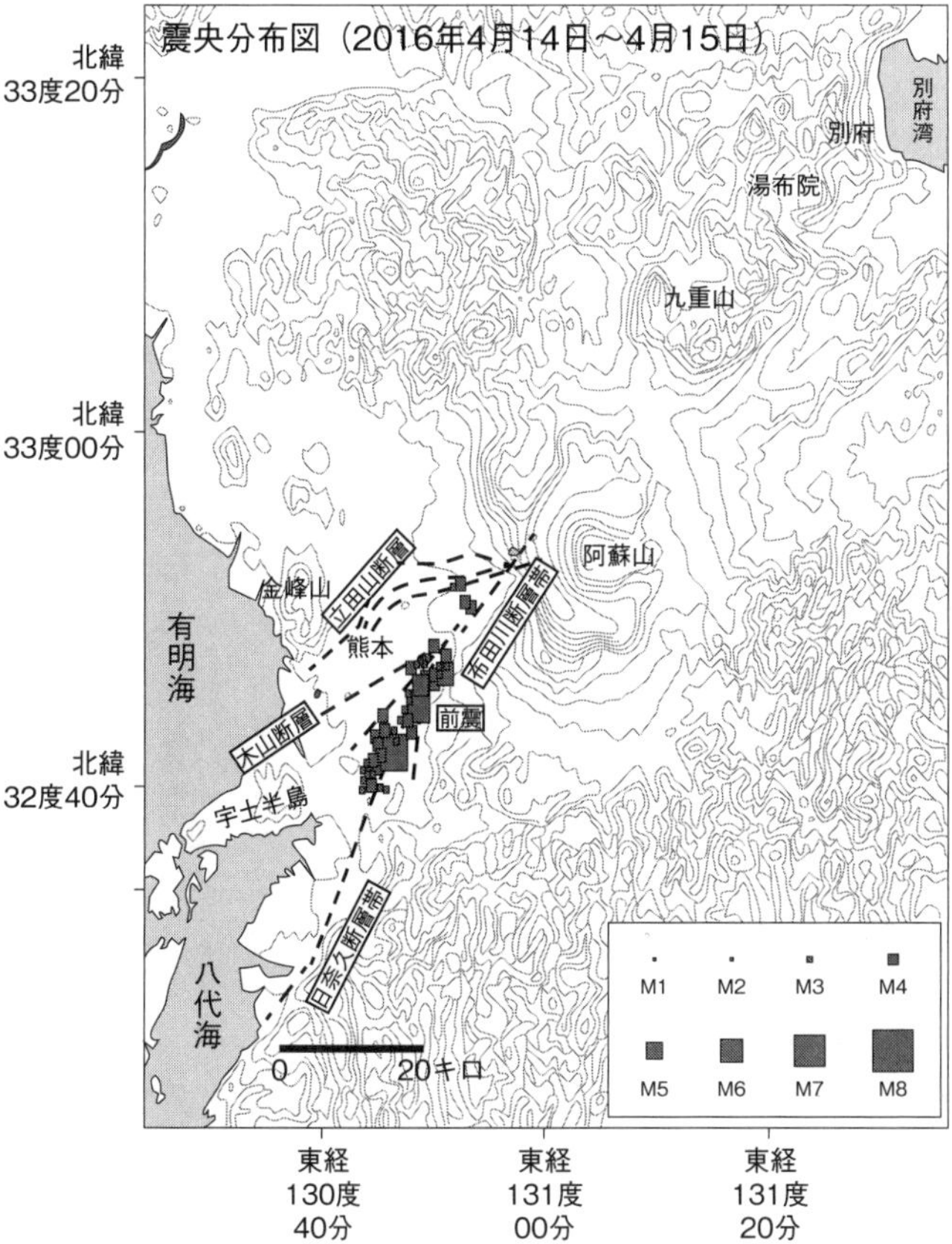

測点しか存在していなかった。その後、全国と同様に、地震観測点が熊本県自身や防災科学技術研究所などによって増設され、現在では一〇倍近い一〇六ヵ所が地震に目を光らせる。

そのおかげで、破壊の起こった震源位置は誤差百数十メートル程度のスペックを有しており、地表地震断層である立田山断層、木山断層、北甘木断層など小規模な活断層や、地形に刻まれたリニエイションとの地理的対応関係を読み解くことが可能となった。

日本の防災技術の進歩によって得られた精密な数値震源データは、時空間における破壊現象の成り行きを正確にトレースするうえで、たいへん貴重なデータであるとともに、コンピュータによる解析を可能にしてくれる。

数値データは、異分野で開発されている3Dソフトウェア技術との融合を可能にし、地震による破壊現象を可視化した。これによって、決して肉眼では見ることのできない、地殻内部で繰り広げられる破壊現象を立体アニメーションのように追跡できた。このような可視化技術は、頭のなかで破壊現象を組み立てるうえで、たいへん重宝する。

二〇一六年四月一四日二一時二六分に発生したマグニチュード六・五の前震は、日奈久断層の北端に震源を持ち、一五日〇時三分には、前震の最大余震と思われるマグニチュード六・四の地震が北部日奈久断層沿いに発生した。前震から本震までのあいだに発生した余震活動は、北部日奈久断層に沿って北東―南西方向に配列した（前ページ図表18）。

図表19　熊本地震におけるM5以上の地震発生の時系列

発生順序	発生日時（2016年4月）	マグニチュード	深度（キロ）	関連断層	解釈
1	14日　21：26	6.5	11	日奈久断層帯	前震
2	15日　0：03	6.4	7	日奈久断層帯	1の余震
3	16日　1：25	7.3	12	布田川断層帯	本震
4	16日　1：30	5.3	11	日奈久断層帯	1の余震
5	16日　1：44	5.4	15	布田川断層帯	3の余震
6	16日　1：45	5.9	11	立田山断層	（本震）
7	16日　3：03	5.9	7	内牧周辺	（本震）
8	16日　3：55	5.8	11	阿蘇東	（本震）
9	16日　7：11	5.4	6	湯布院	（本震）
10	16日　9：48	5.4	16	立田山断層	6の余震
11	16日　16：02	5.4	12	布田川断層帯	3の余震
12	18日　20：41	5.8	9	阿蘇東	8の余震
13	19日　17：52	5.5	10	日奈久断層帯	1の余震
14	19日　20：47	5.0	11	日奈久断層帯	1の余震

この余震活動は、前震を中心に、直線状の配列を前後しながら長さ約一五キロの範囲に広がった。三次元的に前震および余震域を検討すると、北西に傾斜する一枚の断層面として認識できる。

四月一六日一時二五分に、マグニチュード七・三の本震が、木山断層と布田川断層の中間に位置する深さ一二キロで発生した。本震発生直後の一六日一時三〇分には、前震の余震と思われる地震が、日奈久断層沿いで発生する。一六日の一時四四分には、本震とほぼ同じ位置のやや深い一五キロで最大余震が発生。その一分後の一時四五分には、マグニチュード五・九に達する震源が、立野周辺のリニエイション直下にジャンプする。そして、同日三時三分には、さらに東の阿蘇カルデラ内の内牧周辺で、マグニチュード五・九の地震が発生する。そして、同日三時五五分には、もっと東に震源は移動し、九重山南にマグニチュード五・八の地震が発生。加えて同日七時一一分には、さらに東の湯布院で、マグニチュード五・四の地震も発生する。

このように、日奈久断層で発生した前震の余震を除くと、それ以外のマグニチュード五・〇以上の震源は、時間経過とともに東へ進んでいる。このことは、本震が右横ズレ型断層であり、布田川断層北側のブロックが東へ二メートル変位したことと調和する。さらに、本震から湯布院で発生した地震まで、布田川断層の延長方向である北東に向かって、震源がきれいに配列する。

その後、一六日の九時四八分に立野のリニエイション上にマグニチュード五・四の余震が発生し、次いで一六日一六時二分に本震の余震と思われる布田川断層の南部でマグニチュード五・四の地震が発生。一八日の二〇時四一分には、九重山南で発生した地震の余震が発生する。さらに、一九日一七時五二分と二〇時四七分には日奈久断層南部で、マグニチュード五・五とマグニチュード五・〇の地震が発生、それ以降、八月末までマグニチュード五・〇を超す地震は発生していない（前ページの図表19）。

その後の余震も、時系列的に見るとランダムに発生しているわけではない。空間的には、

図表20 活断層とリンクする熊本地震の余震域（有感地震）

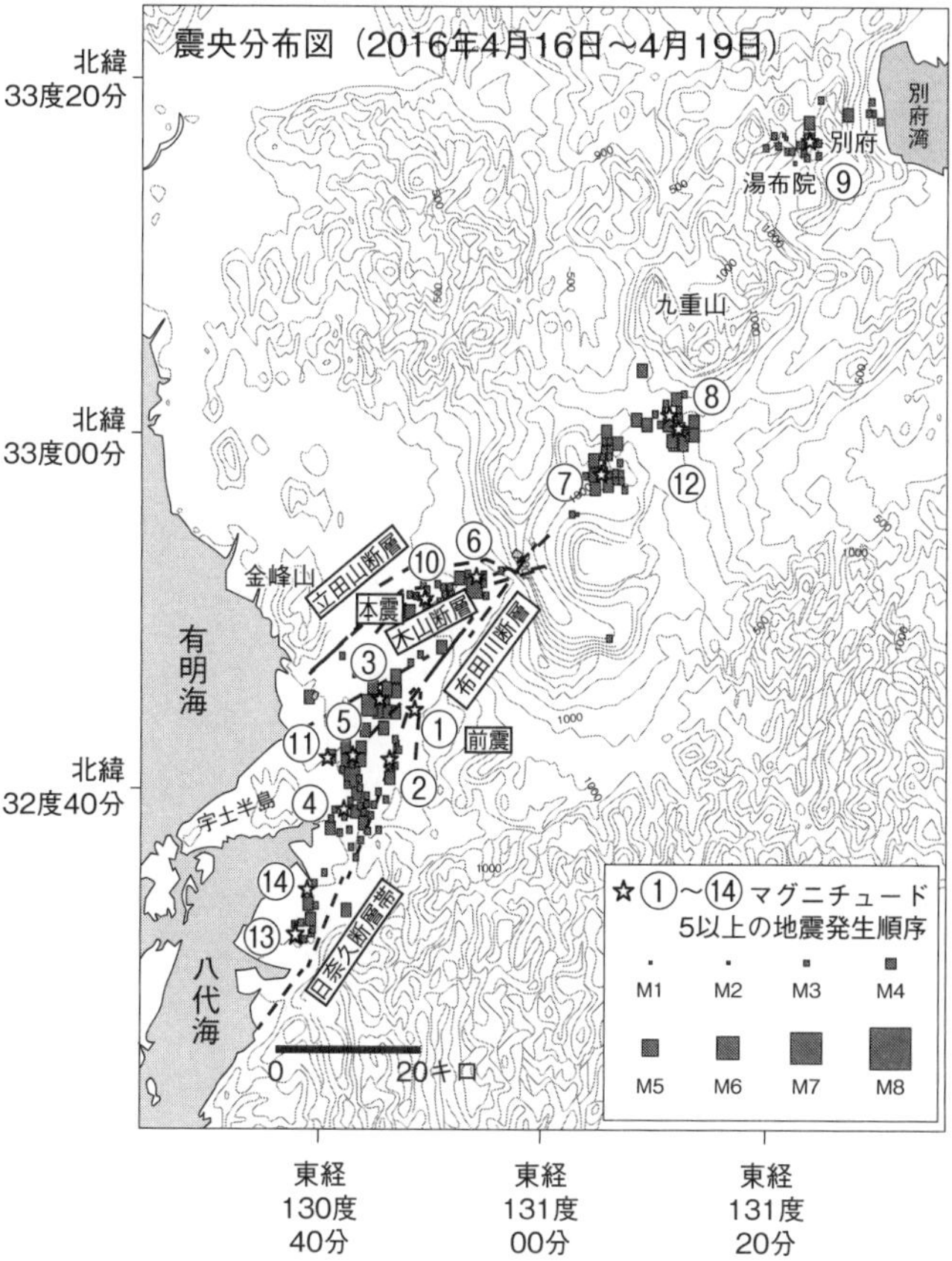

最初に推定した活断層やリニエイションに沿って直線的な分布を示した（前ページ図表20）。

松田式では、活断層がマグニチュード六・〇を超す地震を発生させるためには、未破壊の断層面が五キロ以上必要になる。しかし活発な余震活動によって、熊本平野内にはそのような長さを確保し得る活断層沿いの余裕が既に存在しなくなっていた。

さらに解析を進めるために、震源の空間分布と発震機構解を検討した。典型的な横ズレ断層である前震と本震のみならず、布田川断層、木山断層、日奈久断層北部に分布する震源は、横ズレ断層が卓越していた。一方、熊本平野北部の立田山断層とそれに調和的なリニエイション群で発生した地震は、正断層が支配的だ。

地質学的には断層の存在を示す証拠がこれまで見つかっていないが、震源による岩盤の三次元解析の結果、八代平野北部の松橋《まつばせ》から金峰山西部の有明海に並ぶ北西—南東方向の震源列が新たに確認できた。しかも、この列では正断層が優勢であることも判明した。

さらにグーグルアースなどを駆使し、震源の空間分布を解析すると、地震断層の面状構造が浮き彫りとなった。

世界一を誇る日本の地震観測体制

一般に地震の説明では、直方体の基盤ブロックが断層面を境に他のブロックに擦れ合うために地震動が発生すると解説される。そのため熊本地震でも、布田川断層帯を境にして北側に、大きな直方体ブロックが、あたかも熊本の基盤岩構造のように描かれる。

しかし活断層に囲まれた熊本平野は、阿蘇を起点とした三角形で、長方形ではない。実際、熊本地震で得られた精密震源データで空間解析をすると、熊本平野の南部・北部・西部に発達する明瞭な三枚の地震断層面が見えてくる。この基盤岩に発達した三つの大きな切れ目は、熊本平野直下の基盤岩が逆向きの大きな三角錐であることを示す。頂点の深さは、およそ二〇キロだ。

熊本平野の南部断層面は、横ズレ断層を主体として、地表地震断層の布田川断層および北部日奈久断層が連続する。北東—南西方向に伸びた北西傾斜を示す。隣接する木山断層や北甘木断層は、おそらくこの断層面から派生した分岐断層の可能性が高い。

驚いたことに、別々に見えた前震と本震の震源は、どちらもこの一枚の断層面上に乗っかるのである。しかも、四月一四日に始まった地震活動（前震とその余震域）は、この断層面の比較的浅い部分に集中しており、四月一六日以降の地震活動は、断層面のより深部で、かつ北と西に広がっていった様子を如実《にょじつ》に表す。

つまり、マグニチュードの大小などという単純な関係ではなく、空間的に見て、前震が本震の前兆現象であったことがうかがわれる。前震によって断層面上部の破壊が進行し、下部に影響を与え、より大きな破壊に発展したようだ。

データの少なかった地震発生当初に、前震と本震が成因的に無関係だと考えた私の印象は、この震源の空間解析で見事に覆《くつがえ》された。この現象をたとえていうなら、五本の指で体重を支えていたロッククライマーの二本の指が限界に達し、岩から離れ、その後まもなく身体ごと滑落してしまったようなイメージだ。もしかしたら、「前震―本震―余震型」の地震は、すべてこんな感じなのかもしれない。

さて、基盤の切れ目である北部の断層面は、正断層を主体としており、東西方向に伸びて南に傾斜する。地表地震断層として立田山断層や阿蘇外輪山西麓《せいろく》に発達するリニエイションにつながる。

そして、熊本平野西部に認められる断層面は、正断層を主体としており、北西―南東方向に伸びて北東に傾斜する。今回の解析で初めて見つかったこの断層面は、熊本平野と有明海の境界部分に存在しており、有明海の干満に呼応するかのように、中潮〜大潮にかけて地震活動が活発化する兆候が認められた。

熊本平野南部の横ズレ断層運動によって、熊本平野の基盤岩は、三角錐の頂点を中心に反時計回りの回転運動を強いられた。その結果、北部および西部では弱い引っ張り状況が生まれ、それを解消するための後始末がのちに両断層面で発生した地震と考えると、メカニズムは辻褄が合う。

さらに、松橋以南の八代平野についても同様の解析を行うと、熊本平野南部の地震断層面と八代平野の地震断層面のあいだに、立体的な大きなギャップを確認できた。さらに、八代平野内の地震断層面はセグメント化していることも読み取れ、一九九七年の活断層調査で指摘されていた事項が二〇一六年に立証された形になる。そのうえ八代平野直下の地震断層面は、想定されている日奈久断層とは連続せず、大部分はより西側の伏在断層であった。

おそらくこの程度の解析は、日本国内のどの地域であっても可能であろう。それほど素晴らしい空間分解能が実現されており、長年かけて整備されてきた地震観測網の実力を垣間見《かいまみ》た思いだ。ここまで詳細に分かる地域は、世界広しといえども、日本以外にはあり得ないだろう。それほど日本の観測体制は進んでいるのだ。

「震度一の余震活動に注意」の意味

地震発生回数の大部分は震度一が占めており、観測点密度の影響がてきめんに表れる。つまり、小さな地震の多くは観測点に到達する前に減衰し、地震自体が発生しなかった扱いになる。一方、観測点密度が高ければ観測できるチャンスが増え、回数が増加するのは当たり前。観測点を随時増やしてきた地震網で、震度一程度の余震回数を過去の事例と比較して大騒ぎするのは、常軌を逸した行動としか思えない。そんなことは、冷静に考えればすぐに分かる。

さらに、同じ一回の地震であったとしても、四月一六日深夜に発生したマグニチュード七・三の本震は、マグニチュード五・三の地震を、一気に一〇〇〇回発生させたような代《しろ》物《もの》。ところが、解放されたエネルギー量が一〇〇〇倍違うにもかかわらず、同格に扱って、どちらも一回とカウント……これはまるで、一〇万円金貨一枚の高さと一円玉一〇〇枚を積み上げた高さを比較し、一円玉一〇〇枚のほうに価値があるといっているようなものだ。

地震予測がいつまで経っても進歩しないのは無理からぬことだと納得する。私なら、薄っぺらいが、一〇万円金貨一枚のほうを迷わずもらって帰るが。

震度一と震度六強がどれほど違うのか——数字を聞いただけでは、揺れの大きさが六倍ちょっと違うくらいだと思う人も多い。ここにもマグニチュードの数値と同じような誤解が起こっている。

実は一九九六年以前、震度六強を「烈震」、震度一を「微震」と表現していた。烈震と微震の違いが六倍程度では済まないと直感できるほど、日本語の表現力は豊かだ。地震以外でも、壊滅的な状況に陥ったときには「激震が走った」というように活用されている。一九九六年以前に震度七は「激震」と表現され、その凄まじさが容易にイメージできる。

図表21　地震によって解放されたエネルギーの割合（4月14日〜7月13日の総エネルギーを100%とする）

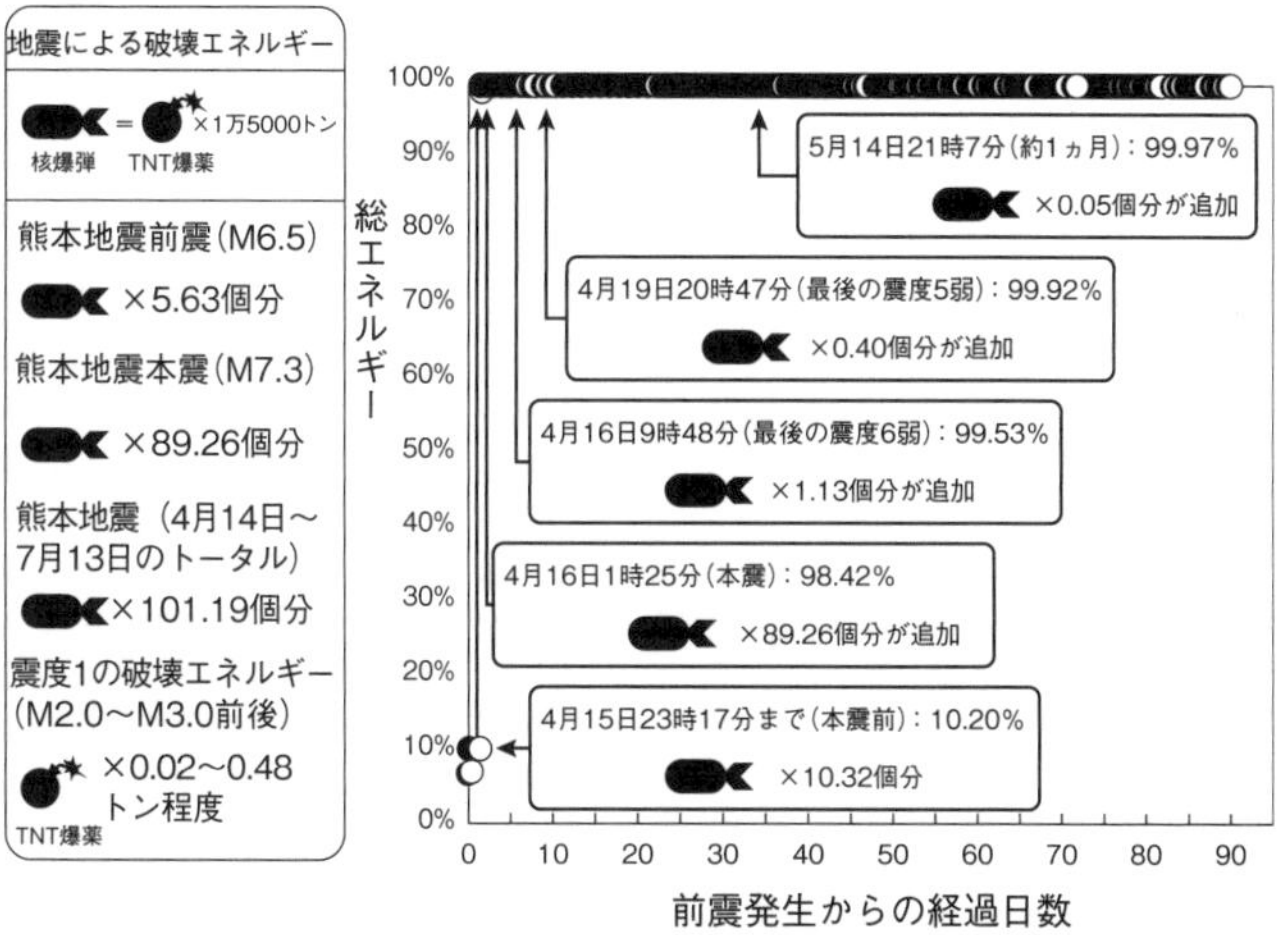

　また単なるネーミングの問題ではあるが、震度六強と震度六弱があって、なぜ震度六がないのか、震度八や九がどうしてないのかなど、突っ込みを入れたくなる。
　物理現象である岩盤の破壊過程を、客観的に解析するためには基準のそろった観測データで比較する必要がある。そうした意味において、観測点の地質環境や建物の耐震強度要素がばらばらの震度表示は、物理過程の解析には不向きだ。さらに、一〇段階に区分された整数値であるから有効数字も一桁しかない。当然、地震の発生回数を絶対値で議論するのは論外である。
　地震活動の推移を推定するには、地震の規模を示すマグニチュードを使って、解放された破壊エネルギーの大きさという視点から比較するほうが、自然現象の解析においてはより合理的なのだ。

地震の規模を示すマグニチュードをエネルギー換算してみると、本震であるマグニチュード七・三は、五・六×一〇の一五乗ジュールで、たとえていうなら、約一三四万トンのTNT爆薬を地下一二キロで、一瞬のうちに爆発させたような状態だ。

数字が大き過ぎて分かりづらいだろうから核爆弾（約一万五〇〇〇トンのTNT爆薬相当）で換算すると、約八九・三個分に相当する。すると、四月一四日から七月一三日までに解放された総破壊エネルギーは核爆弾換算で約一〇一・二発分となり、初めの一ヵ月で、暫定的な全エネルギーの九九・九七％が放出された計算になる（前ページ図表21）。この点は、チェックポイント④と同じ結論となる。

マスコミや専門家と呼ばれる人たちが、いつまで経っても危険性を強調する最大震度一（マグニチュード二〜三相当）というのは、先ほどと同様の計算を行うと、TNT爆薬換算で〇・〇二〜〇・四八トン相当の爆薬を、地下一一キロで破裂させているようなものでしかない。この程度の破壊が地下一一キロで発生したとしても、九州全域に警戒を発するようなことであろうか。

震度一（微震）をもって大々的にメディアで不安を煽《あお》るのは、果たして適切な判断といえるだろうか？

安心を届ける世界最速の収束宣言

震災発生後、メディアはまるでオウム返しのように際限なく、「依然活発な余震活動が続いている、今後の地震活動に十分注意が必要だ」と強調し続ける。その余震活動の多くは、ただの微震である。たしかに活発かもしれないが、微震でしょ？　何に、注意しろといいたいのだろう。

また、「今後、震度六弱の地震が発生する可能性があります。いまから一ヵ月は注意が必要だ」と、あたかも近未来に熊本平野で大きな被害が出るような口ぶりだ。しかも、一ヵ月という期間限定。前震と本震の発生も見抜けなかった人たちが、なぜ一ヵ月と言い切れるのか不思議に思っていたが、五月になっても六月になっても、一ヵ月は注意が必要だと言い続ける……これではまるで、借金取りに逃げ惑う無能経営者が、「あと一ヵ月待ってください」と言い続けているようなものだ。

そもそも熊本地震は、前震と本震が取り違えられて、「異例の地震」に仕立て上げられた。「異例なのだから今後の予測ができないのは当たり前」という暗示に多くの人がかかり、震度六弱の地震が発生し続けるとのメディア情報に世論が塗り固められた。

しかし、いつまで経っても異例の地震は牙《きば》を剝《む》かない。そこで今度は、余震回数が史上最多であることを強調し、またも異例が演出され始めた。

それでもまだ、一向に起こらない地震に対し、世間では風評被害を懸念する声が高まる。そんな世間の風を敏感に読み取ってか、政府の地震調査委員会は、七月中旬に「マグニチュード五程度（最大震度五強程度）の余震が発生する可能性は低下した」との見解を発表し、袂《たもと》を分かった。

それでも異例であるとのスタンスを変えられない人たちは、地震回数が二〇〇〇回を超えたことをより強調した。さらに半年経ってもまだ牙を剝かないため、今度はデータを精査して、一〇月には「実は四〇〇〇回だった」と報告した。同じ現象を扱っているにもかかわらず、一気に倍増する地震回数の意義に疑問を感じる人々も増え始めたことだろう。

このように、現地の実態と乖離《かいり》して危険性だけが煽《あお》られ続けたわけだが、そんな無意味なことをして一体、誰が得をしたのだろうか？

「そんなことに目くじらを立てなくても」と思っている読者がいるかもしれない。しかし、被災してみると、この配慮に欠けた注意喚起が凶器になることを実感できる。

たとえば、震災が既にトラウマになっている人々にとって、そうした単なる注意喚起だけでも、ノイローゼ状態に拍車をかける。無意味なゴールの先延ばしは、ストレス状態にある人々にとって最悪の事態であることは、少し考えれば誰でも分かる。危険性を連呼する前に、納得のいく根拠を提示してほしいものだ。

さらに、このような報道が原因となって、五月のゴールデンウィーク期間中に九州全域でキャンセルされた宿泊数は約六〇万泊（内訳：熊本県一八万泊強、大分県一五万泊強、鹿児島県八万泊弱、長崎県七万泊強、宮崎県五万泊弱、福岡県三万泊、佐賀県一万泊強）と報道されている。実際に宿泊できない施設が熊本にはあったかもしれないが、それ以外の県でも軒並みキャンセルが相次ぎ、経営状況を圧迫した。観光業への打撃は、周辺の地域経済にとって致命傷となりかねない。

あとになって、風評被害に苦しむ観光地の救済策として「九州ふっこう割」という旅行クーポンが登場した。しかし、閑古鳥《かんこどり》は鳴かなくなったものの、通常営業からの落ち込みを回復するまでには至らない。旅行クーポンの数には限りがあるため、祭りのあとの寂しさを危惧する観光関係者もたくさんいた。

このように、お役所の何気ないフレーズが、多くの心的二次被害を生み出し、計り知れない経済損失を誘発している。だからといって、クレーマーのように文句だけを書くなら簡単だが、それでは誰も救われない。そこで、科学的根拠に基づいて、被災者に我慢の期限を提示してあげることこそが、科学者としては重要だと考えた。

既に震源の空間分布と活断層の位置関係から、マグニチュード六・〇以上の地震を発生し得る未破壊の断層面が、立田山断層と日奈久断層にはさまれた熊本平野や八代平野に存在する可能性が低いことは述べた。あとは、時系列において客観的に安心できる材料を提示できるかどうかで、収束宣言の客観性が決まる。

そこで熊本県の熊本地方、有明地方、天草・芦北《あしきた》地方のみを対象とした最大震度の推移を検証する。予測をするうえで地域を限定する必要があることは、チェックポイント①で解説済みだ。

すると、前震発生後、一・一六日目以降には最大震度七は発生しておらず、その後一・五二日目以降には最大震度六弱の地震となる。ぎりぎり被害を及ぼす可能性が残されている最大震度五前後の地震について見てみると、四・九七日目以降は発生していないとみなせる（図表22）。

もっとも熊本地方では、六月一二日に八代市坂本で、そして八月三一日に宇城市松橋や熊本市西区で震度五弱を観測した。しかし、これらの地震は、熊本地震に直接関係した日奈久断層帯や布田川断層帯の活動とは異なり、前者は九州山地でしばしば発生する地震、後者は熊本平野西縁の断層面が潮汐力《ちょうせきりょく》によって誘発された特殊な地震と解釈できる。なので、純粋な余震活動から除外して考えることができる。

最大震度四の地震は、三〇日目以降、しばらく休止期間に入る。そして六月一三日に再開

図表22　急激に減衰する地震活動

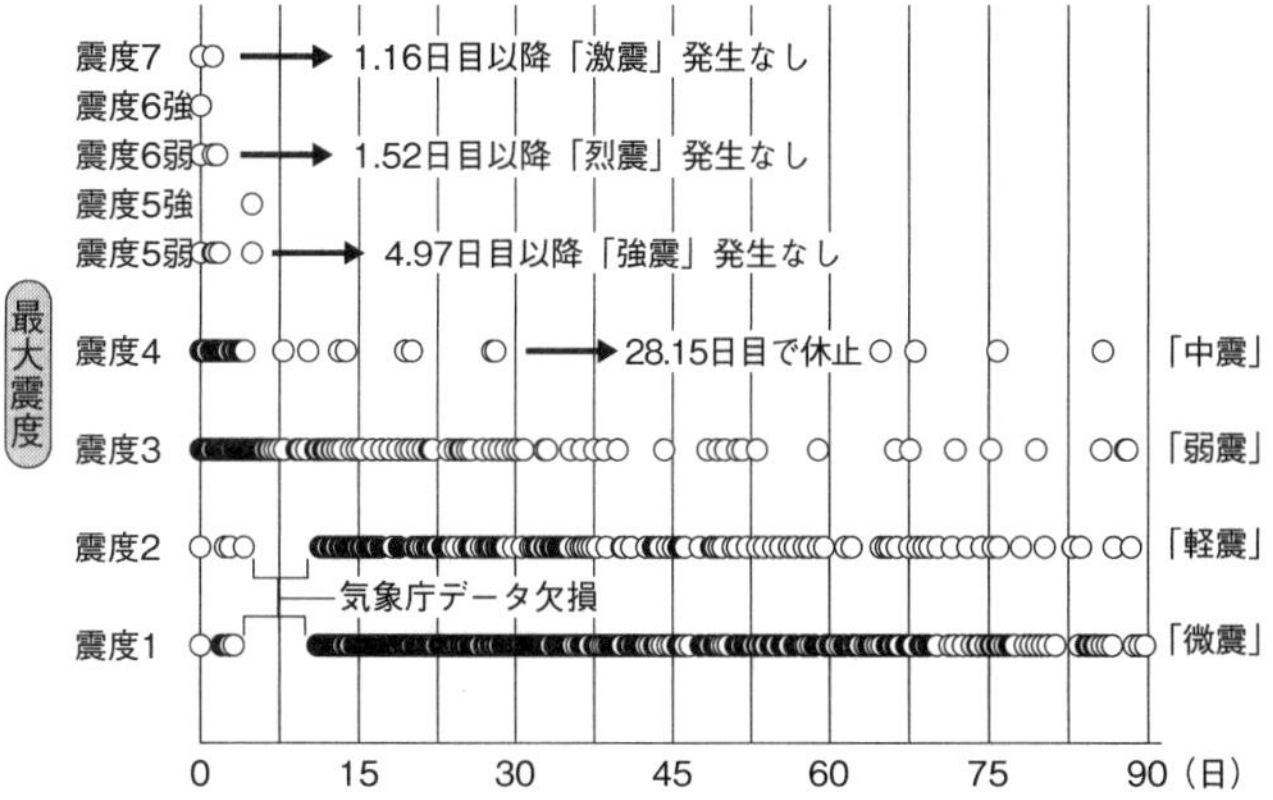

4月14日21時26分からの経過日数（7月13日まで）
＊熊本県熊本地方、天草・芦北地方、有明海地方の地震

し、一ヵ月間に数回発生したあと、また一ヵ月ほど休止期間となる。

この前震発生一ヵ月後から、約一ヵ月間隔で繰り返される地震の震源は、熊本市の西区や南区、そして宇土市や松橋町など、熊本平野西縁部断層面で発生している地震であり、発生周期は有明海の中潮～大潮に大まかにリンクしている。

つまり、これらの地震も、八月三一日の地震と同様のメカニズムと考えられる。震度三以下の地震は、時間とともに発生間隔が疎《まば》らになるものの継続している。

このように見てくると、熊本地震は、地震発生後二日、一週間、そして一ヵ月が極めて重要な地震活動の転換点であったとみなせるのだ。

この先一〇年、巨大地震は来ない

これら震度の時間変化を入院患者の熊本太郎にたとえるならば、次のようになる。交通事故で複雑骨折をして救急車で運び込まれた熊本太郎は、二日間集中治療室で治療を受けた。その後の一週間までは個室で絶対安静、それ以降の一ヵ月目までは大部屋で入院……こんな感じだ。一ヵ月目以降は退院をし、ときどき通院といったイメージがしっくりくるだろう。

あれだけ大きな破壊現象が起こったのだから、完治するのにはそれなりの時間が必要なのは、岩盤も人間も変わらない。しかし、「退院はできるが、完治には五年かかる」といわれて、五年間入院する人はいないだろう。

それは、地震も同じなのではないだろうか。完治するまで、傷口が少し痛むのはしょうがないことで、それが震度一〜三の状態。熊本平野は、もともと小さい地震が頻発する地域なので、完治までの自己再生の痛みなのか、持病の再発なのかは、なかなか識別しづらい。

そう考えると、被災者が発生する可能性が高いマグニチュード五以上の危険な状況はとっくに過ぎており、退院してリハビリに励んでいるのが、事故後一ヵ月以上経過した熊本太郎（熊本地震）の状態であろう。

これでもまだ、集中治療室に運ばれるようなことがあるのならば、それは別の事故に遭遇したと考えるべきだ。一連のプロセスとして解析しても得るものは何もないであろう。

震度表示には物理的意味合いが薄いので、次に縦軸にTNT爆薬換算の破壊エネルギー量を取り、横軸に経過日数を取って調べてみた。

地震発生当初は、TNT爆薬換算で一〇〇万トン規模のエネルギー量だった地震が、四月二八日以降は、TNT爆薬換算で一〇〇トン以下のエネルギー量になる。本震と比べれば、一万分の一以下の状態となった。その後、二ヵ月経過しても、幸いTNT爆薬換算で一〇〇トンを超す破壊力を持つ地震は発生していない。

ちなみに、発生後二ヵ月経った震源の主要なものはマグニチュード二・五プラスマイナス一程度であり、TNT爆薬換算で〇・一トン程度のエネルギー量でしかない。

このように、被災地震に発展しがちなマグニチュード五・〇以上の地震の危険性は、四月下旬の段階でかなり下がっている、つまり収束に至りつつあるとみなせた。そこで、五月一日付熊本日日新聞の小学生向け解説記事（くまTOMO）で、以下のような見解を載せた。

〈今後、熊本については「まだ大きな地震は来る」という見方があります。私はたまったひずみが解放されているので、この先一〇年までは、マグニチュード六クラスの地震が来る可能性は低いとみています〉

地震発生から二週間しか経っていない時点で、ある意味、収束宣言を発表したものだから、くまTOMO担当記者が、「こんなこと書いても大丈夫ですか?」と気遣《きづか》ってくれた。「合理的に考えると、結論はこうなるから構いませんよ」と返事をして、掲載の運びとなった。

本文をよく見ると、「可能性」という言葉で逃げ道を作っていることがお分かりいただけよう。私も研究者の端くれだから、その点は大目に見てもらいたい。しかし、この掲載によって、多くの被災者から気持ちが楽になったとの言葉をいただき、少しはサイエンティフィックボランティアとして役に立てたと実感できた。

その後、半年経って十分なデータが得られたので、「改良大森公式」をまねて熊本地震が完全に震災前の状態に戻る日を検討した。計算された終息日は、本震発生からおよそ一五〇〇日後の二〇二〇年七月頃となった。つまり、東京オリンピックの直前に地震活動は終わり、オリンピック観光客を歓迎できる。

このように、収束および終息に関する情報も十分吟味《ぎんみ》でき、チェックポイント④も難なくクリアーした。

前震から本震へは予測できたはず

熊本地震で四月一四日に起こった前震を本震と思い、帰宅して亡くなられた方もたくさんいる。最初は、気象庁の報告でも一四日の地震を本震とし、あとの地震はそれより規模の小さな余震だけだろうと定石《じょうせき》通りに行動した。しかし、二回目の地震のほうが大きかったことは、現地にいた数十万人にとって周知の事実であり、なぜそうなったかというメカニズムを適切に解析して、二度と過ちを犯さないようにする必要がある。

震源の空間分布で示したように、前震から本震への移行は空間的に直接のトリガーとなっていることを示す。しかし、余震域の空間分布は地震発生後にしか分からない結果であるから、予測には不向きである。

そこで、前震から本震への移行過程のデータを見直した。このとき大事なことは、自然界における破壊現象がフラクタル、すなわち様々な数字の変化が足し算（二、四、六、八……）ではなく、べき乗（一、十、百、千……）に推移するという点である。この極端に大きさが変わる数字の変化を念頭に置いて、解析する必要がある。

その点において、一日当たりの地震発生回数では十分に解析しきれない。近年の観測技術の発達のおかげで、小さな地震のマグニチュードまで求められてしまうからだ。そこで、「地震の規模を示すマグニチュードが経過時間とともにどのように変化したか」——それを検討した。大きく見た場合、各地震のマグニチュードも、発生回数と同様に、経過時間につれて急激に減少する。そう、まるでスキーのジャンプ台のような形を示した。

そこで、前震から本震にかけての約二八時間を対数グラフで解析してみると、前震と本震を含めて、六つのジャンプ台が連結されている様子が現れた（図表23）。しかも、前震以降に連なるジャンプ台は、本震の最高点（マグニチュード七・三）に向かって規則的に高さ（マグニチュードの大きさ）を増加させている状況が浮き彫りとなった。つまり、前震から本震にかけて、時々刻々と破壊の規模が増大している様子を雄弁に物語ったのだ。

この解析法を地震発生時に思いついていれば、より大きな本震の発生は十分予測できたに違いない。少なくとも、破壊規模が上昇傾向にあり、迫り来る危険の脅威を、科学的に被災地に伝えることとくらいできたはずだ。そう思ったら、一気に鳥肌が立った。

「これに早く気が付いていれば、尊い命を救えたかもしれない……」

とても悔しい思いで一杯になった。

やはり、集中治療室に患者がいるときは、一時たりとも目を離してはいけない。もしも、熊本地震で確認できた前震から本震への移行ケースが一般的な地震現象に当てはまるのなら、今後は大地震発生後の四八時間が一つの峠となるであろう。峠を越せば、あとは経過観察というのが本当の名医だ。

残念ながら、本震発生以後、熊本地方の震源は複数の活断層に飛び火したため、解析に関しては日奈久断層や布田川断層ほどシンプルではなくなった。そのうえ、気象庁のデータベースに欠損があったため、その他の地震に関する解析は断念した。

図表23　熊本地震の破壊規模の推移

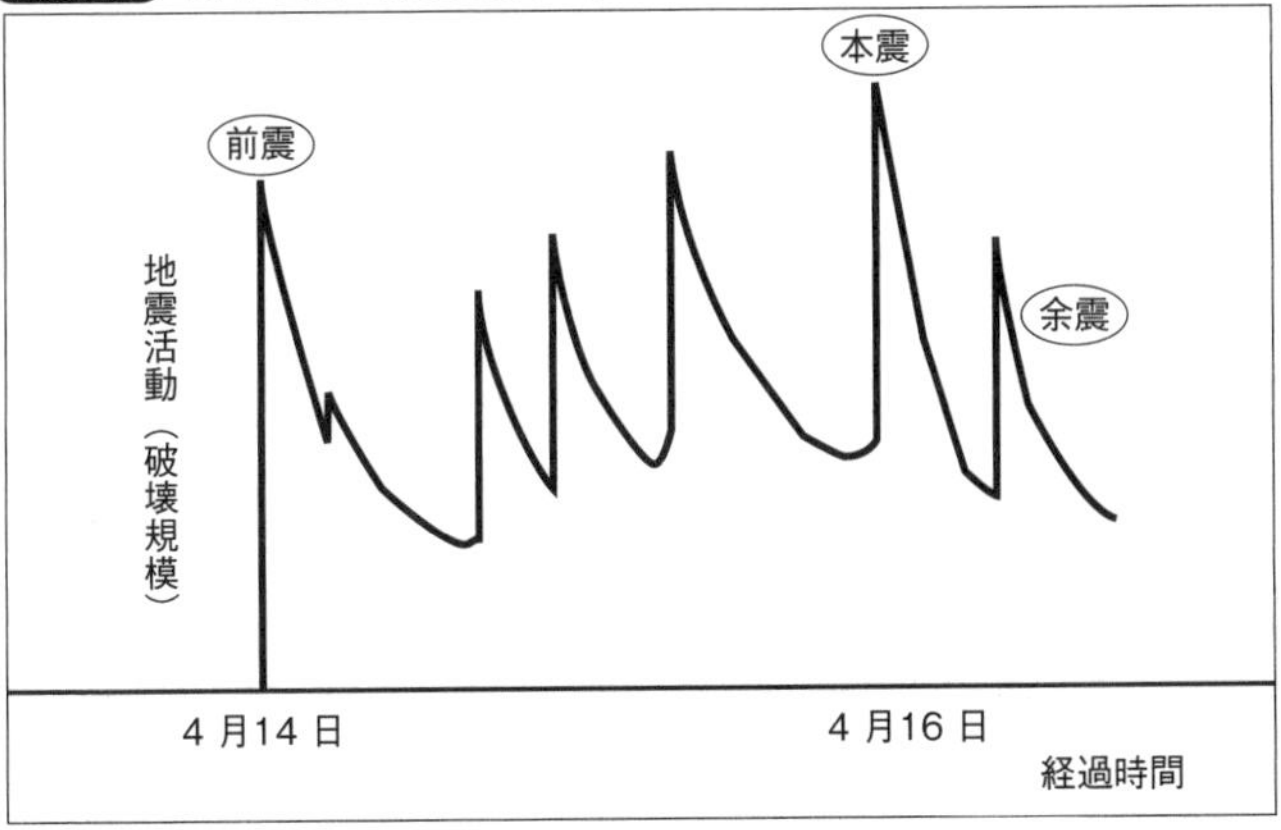

地表を観測域として活用しづらいプレート境界型地震は、やはり地震波解析を詳細に推し進めてもらう必要があることは変わらない。しかし、活断層型地震の場合、このように膨大に獲得される地震データに、地形学的および地質学的知識を十分加味して検討できれば、減災効果は絶大なものになる。しかも、最速の収束宣言付きだ。

前震から本震への移行過程の発見は、チェックポイント⑤に関わる重大発見かもしれない。

ここまで述べてきたように、熊本地震はとてもシンプルで、チェックポイント①～④に真面目に取り組めば、何も複雑なことはない。減災という視点ならこれで十分だと思う。おそらく読者のお住まいの地域でも応用できるはず。ぜひトライしてみてほしい。

あとがき――被災科学者として思うこと

物理学者の寺田寅彦《てらだとらひこ》先生の随筆『小爆発二件』のなかに、次のような件《くだり》がある。

〈ものをこわがらな過ぎたり、こわがり過ぎたりするのはやさしいが、正当にこわがることはなかなかむつかしいことだと思われた〉

これは、浅間山の噴火に遭遇した著者が、駅員と学生の会話を聞きながら感じた感想である。要約すると、駅員はすべてにおいて危険であるとのスタンスを取り、登山者は噴火してもへっちゃらだといって山に登っていく。自然災害を的確に判断するための心構えとして、「正当にこわがる」ことの必要性を説いている。

さして根拠もなく、危険だ危険だと連呼する駅員のようなスタンスは、当事者でないからこそできる無責任行動だ。それでは、いつまで経っても収束宣言には至らない。

実際に被災してみると、被災地域住民のメンタル面のケアや風評被害による経済的損失軽減において、収束宣言がいかに大切であるか肌で感じる。

かといって、無謀な登山者では、二次災害に発展しかねない。災害に際しては、高度な科学的バランス感覚が要求されるのだ。

「正当にこわがる」といった観点から、熊本地震に関連した、気象庁、研究者、マスコミの情報発信を再検証する必要があるのではないかと思う。また、情報の受信者である人々も同様に、「正当にこわがる」といった視点で情報を理解していたのかどうか振り返ってみるのも良いのではないかと思う。

そうすることで、きっと合理性のない情報に惑わされて不必要な不安に駆り立てられていた自分に気付くことができるはずだ。そうすることで、真の減災に一歩近づけるであろう。

——人それぞれに個性があるように、国々にも様々な自然環境が存在する。災害の持つ短期的な悪い面ばかりを強調するのではなく、それらの意味を十分に理解し、活用していく術《すべ》を身に付けることこそが、日本人としての本領を発揮する条件ではないだろうか。

本書で綴《つづ》ってきたように、災害は我々に被害をもたらすと同時に、その何十倍にも達する恩恵を長期間供与し続けてくれている。これらの恩恵は、人間の能力だけでどうにかなるような規模ではない。

技術革新を過信して、自然との対話が疎《おろそ》かとなり、人類は万能であるとの妄想に溺《おぼ》れてはいけない。常に自然に対して畏敬の念を抱きつつ、共存することで、大地の女神ガイアはあなたに微笑んでくれる。それは請け合いだ。

日本には、森羅万象《しんらばんしょう》に神々が宿るという八百万神《やおよろずのかみ》の考え方がある。自然との対話とは、もしかしたらそういった神々との対話を意味するものかもしれない。経験則でしかない古くからの言い伝えや地名には、減災に向けた多くの知恵が眠っているかもしれない。自然豊かな日本は、自然の営みが理解できればできるほど、あなたにとってきっとパラダイスとなるであろう。

しかし、こうやっていろいろと調べてみると、科学界はまるで「裸の王様」の物語そのものので、悪徳な仕立屋が私利私欲のために減災にブレーキを掛けているようにも見える。愚かな王様と、それを手玉に取って金品を巻き上げる仕立屋……無知であることを見抜かれないように、「そういわれているのだから、そうなのだろう」と虚栄心で間違った常識を妄信する高官や民……王様が裸であることを指摘する少年の登場で、真実が明るみに出るもののパレードは続く、というアンデルセンの有名な物語だ。被災科学者として私は、事実をちゃんと認識し指摘できる、そんな少年であり続けたいと思った。そして、物語とは違って、愚かなパレードに終止符が打たれることを願うばかりである。

日本各地で被災された皆様には、厳しい現実を乗り越えて、震災以前にも増して幸多《さち》からんことを願う。負けんばい、ニッポン！

二〇一六年一二月

横瀬《よこせ》久芳《ひさよし》

横瀬久芳

1960年、新潟県に生まれる。熊本大学准教授。1984年、新潟大学理学部地質鉱物学科卒業。1986年、新潟大学大学院理学研究科修了。1990年、岡山大学で博士号を取得。欧米には確固として存在する「海洋学」の必要性を説き、日本国内でこの分野を初めて開拓。地球のプレートが沈み込む場所、すなわち日本列島周辺の海底鉱物資源の可能性を研究する。2011年、奄美大島沖の海底火山からレアメタルに富む鉱石を発見。2013年秋には、トカラ列島における海洋調査が「NHKスペシャル」で特集される。熊本大学で開講している「はじめて学ぶ海洋学」は、入学者の6割強が受講するマンモス講義。
著書には、『はじめて学ぶ海洋学』(朝倉書店)、『ジパングの海 資源大国ニッポンへの道』(講談社+α新書)がある。

講談社+α《プラスアルファ》新書 656-2 C

面積《めんせき》あたりGDP世界《せかい》1位《い》のニッポン

地震と火山が作る日本列島の実力

横瀬久芳《よこせひさよし》

2016年12月20日第1刷発行

発行者——**鈴木 哲**

発行所——**株式会社 講談社**
東京都文京区音羽2-12-21 〒112-8001
電話 編集(03)5395-3522
販売(03)5395-4415
業務(03)5395-3615

装画——**朝日メディアインターナショナル株式会社**

デザイン——**鈴木成一デザイン室**

本文組版——**朝日メディアインターナショナル株式会社**

カバー印刷——**共同印刷株式会社**

印刷——**慶昌堂印刷株式会社**

製本——**牧製本印刷株式会社**

ISBN978-4-06-272969-7